中系安哥拉兔

镇海巨型高
产长毛兔

镇海粗毛型
长毛兔

1

獭兔（黑白花）

獭兔（蓝灰色）

獭兔（白色）

獭兔（三色花）

2

獭兔（黄色）

青紫蓝兔

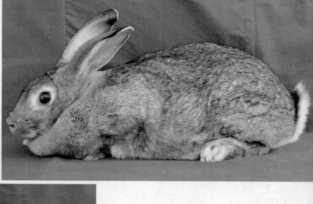

新西兰兔（青年公兔）

日本大耳兔

3

新西兰兔（成年公兔）

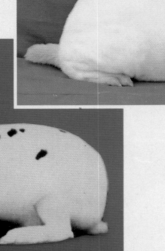

加利福尼亚兔

公羊兔

德国花巨兔

4

比利时兔（成年母兔）

比利时兔（成年公兔）

太行山兔（成年公兔）

哈白兔

太行山兔
（成年母兔）

太行山兔
（断奶仔兔）

齐卡巨型白兔

6

齐卡大型白兔

齐卡商品兔

齐卡小型白兔

7

浙江新昌兔毛市场

兔毛交易市场一角

农村群养肉兔

8

养兔技术指导

（第三次修订版）

主　编

郑　军

编著者

郑　军　陶岳荣

许梓荣　林　嘉

金盾出版社

内 容 提 要

本书由浙江农业大学郑军等专家教授编著。内容包括家兔生产概况，家兔的生物学特性、品种、遗传育种、繁殖技术、营养需要和饲料配合，合理开发利用绿色植物饲料资源，饲养管理，兔舍建筑及其设备，兔病防治及家兔的主要产品，共11章。本书出版以来，已发行127.5万册，深受广大读者欢迎。这次修订在第二次修订版的基础上又修改、增删了部分章节内容。本书集科学性、先进性与实用性于一体，深入浅出，通俗易懂。适合养兔生产者、组织者、经营者及有关科研、教学人员阅读参考。

图书在版编目（CIP）数据

养兔技术指导/郑军主编．—第3次修订版．—北京：金盾出版社，2006.3（2014.1重印）
ISBN 978-7-5082-3857-9

Ⅰ．养… Ⅱ．郑… Ⅲ．兔-饲养管理 Ⅳ．S829.1

中国版本图书馆CIP数据核字（2005）第131706号

金盾出版社出版、总发行

北京太平路5号（地铁万寿路站往南）
邮政编码：100036 电话：68214039 83219215
传真：68276683 网址：www.jdcbs.cn
彩色印刷：北京印刷一厂
黑白印刷：北京凌奇印刷有限责任公司
装订：新华装订厂
各地新华书店经销
开本：787×1092 1/32 印张：9.5 彩页：8 字数：205千字
2014年1月第3次修订版第37次印刷
印数：1 370 001～1 374 000册 定价：19.00元
（凡购买金盾出版社的图书，如有缺页、
倒页、脱页者，本社发行部负责调换）

第三次修订说明

　　本书由浙江大学动物科学院郑军等专家教授本着为"三农"服务的思想,帮助贫困农民脱贫致富为目的而精心编著。内容丰富,图文并茂,取材广泛而可信。自出版以来已修订两次,深受广大读者的欢迎,已累计出版发行 127.5 万册,曾荣获"首届金盾版优秀畅销书奖"。这次修订在第二次修订版的基础上,增删了部分章节内容,如增加了兔病防治,删去了兔皮鞣制(易污染环境)。另外,调整了某些章节的前后顺序。使内容更趋系统、完整和实用。

编　者

2006 年 1 月 20 日

目　　录

第一章　家兔生产概况

一、发展家兔生产的重要意义

（一）积极发展养兔，增加农民收入

家兔是小动物，一般农家都买得起，也养得起。饲养管理比较简单，可笼养也可圈养，不需要大的设施和设备，故投资较少。家兔又是食草动物，不与人争粮，饲料来源广泛，野草、野菜、树叶以及农作物秸秆和粮油加工副产品等，都可以作为家兔的饲料。农村剩余劳动力和辅助劳力（老人、小孩）经短期学习，都可以胜任饲养管理工作。家兔还是经济动物，繁殖快，生产周期短，在一般正常情况下，当年投产当年获利，其经济效益颇为显著。改革开放以来，不少地方尤其是贫困地区，把发展养兔作为当地农村脱贫致富的首选产业来抓，取得了可喜的业绩。

福建省大田县屏山乡溪头村是一个贫困山村，全村 239户 1 260 口人，"山无森林地无矿"，人均耕地不到 667 平方米（1 亩）。该村把脱贫致富的门路放在了发展养兔上。1996 年肉兔发展到 3.64 万只，户均 152 只，出售商品肉兔 2.72 万只，全村养兔总收入 85.4 万元，人均 678 元。村民们高兴地说："兔子虽小，发展起来也能脱贫致富。"位于长江三峡库区的石柱土家族自治县，是重庆市一个有名的特困县。自从发展养兔生产以来，养兔户发展到了 7.1 万个，家兔存栏达到

203万只,年产兔毛820吨,全县农民仅兔毛一项收入就达8 000多万元。

(二)改善肉食结构,提高人民生活质量

提倡多吃兔肉,改善我国传统的以猪肉为主的肉食结构,是一项利国利民的善举。这不仅因为兔是节粮型家畜,饲料报酬高(肉料比为1:2.7~3),不与人争粮,繁殖快,1只母兔1年可繁殖提供它本身重量20倍的兔肉,而且因为兔肉营养丰富,肉质细嫩,高蛋白质、低脂肪、低热量,人食后的消化率高达85%,最适合老人、儿童和身体虚弱者食用。不仅如此,兔肉还含有人体极易缺乏的赖氨酸和色氨酸等必需氨基酸,且含磷脂多,含胆固醇少,常食可以预防动脉硬化症和肥胖病,是集益智、美容、保健于一体的肉食佳品。因此,养兔业的快速发展,既丰富了我们的菜篮子,又提高了人们的生活质量。

(三)提供工业原料,促进商品经济发展

兔子全身是宝,可为毛纺、制裘、食品和生物制品等工业提供丰富而宝贵的原料。兔毛是高级的天然毛纺织原料之一,具有轻、细、暖的特点。随着纺织科学技术的发展,兔毛纺织已由过去传统的单纯针织,发展为精纺织、多品种。例如上海第一毛纺织厂研制生产的"全兔毛纱大衣呢",山西太原兔毛纺织厂研制开发的含兔毛75%的兔毛真丝混纺纱新工艺,生产出外衣和内衣面料等50多个花色品种,达到了国家规定的三不(不掉毛、不缩水、不起球)标准,改变了过去单纯依赖原料兔毛出口换汇的状况,以半成品和成品出口或内销,提高了商品的附加值。近年来,我国兔毛纺织工业方兴未艾,浙

江、江苏、上海、广东、福建、山东、河北、安徽、山西等省、市,先后引进外资和设备,建成投产和正在兴建一批加工兔毛的纺织厂,我国工业用兔毛量迅速增加,目前年加工兔毛量已逾4 000吨。

兔肉是食品加工工业的原料之一,我国过去加工冻兔肉主要为出口,年加工能力在20万吨以上。随着人民生活水平的提高,国内市场不断扩大,兔肉加工的种类、品种和数量已有了较大的发展,年加工量已达40万吨以上,需要生产更多的优良肉兔来提供原料。另外,兔肉加工的副产品如内脏、脑等,又是生物药品生产的原料之一;家兔皮,尤其是獭兔皮是制裘工业的优质原料;家兔的骨(含钙27.4%,磷18.8%)、血(血粉含粗蛋白质83.9%),又是动物饲料的来源之一。

(四)扩大外贸出口,为国家创收外汇

我国是养兔大国,也是兔产品的出口大国。就兔毛出口而言,从1954年开始进入国际兔毛市场到现在,累计出口原料兔毛逾10万吨,创汇超过20亿美元,有力地支援了国内经济建设,功不可没。兔毛出口由于受国际兔毛市场变化和价格的制约,机遇与风险并存。兔毛出口也和其他商品一样,既有旺期也有淡期,既有高峰也有低谷,但总的趋势是在向前发展。我国兔毛外贸出口发展的历史可分以下几个阶段:20世纪50年代为起步阶段,年均出口148吨;60年代为奠基阶段,年均出口583吨;70年代为发展阶段,年均出口1 988吨;80年代为腾飞阶段,年均出口6 573吨(其中1988年出口9 733吨),占国际兔毛贸易量的95%以上。进入21世纪以来,国际兔毛市场风云变幻无常,竞争激烈,我国外贸出口又处于产品结构调整阶段,原料兔毛出口量明显减少,2003年

出口原料兔毛 2 468 吨,较上年同期的 4 241 吨,下降了
41.8%。然而,半成品(兔毛纱)、制成品却在逐年增加,三者
总计出口额约在 6 000 吨。纵观国际市场形势和国内兔毛加
工企业的发展,今后若干年内,原料兔毛的出口绝不会有较大
的增长,而半成品和成品的出口将会有所增加。

冻兔肉是国际市场上的畅销肉食品。1975~1984 年,我
国年均出口冻兔肉 3.51 万吨,其中最高年份是 1979 年,出口
冻兔肉 4.35 万吨,占国际贸易量的 60% 以上。20 世纪 90 年
代以后,冻兔肉出口锐减,年均出口约 1.92 万吨,最高的
1994 年也只有 2.66 万吨。1996 年底,我国肉兔存栏超过 1
亿只,比 1985 年增长了近 2 倍,但冻兔肉出口量仍未能与生
产量同步增长。为什么会出现这种反常现象?笔者认为主要
有以下几个原因:其一,我国肉食结构调整初见成效,人们食
肉习惯有所改变,国内市场兔肉销售趋旺。其二,饲养、收购、
运输、加工冷冻和外贸出口,未能形成一条龙服务格局。出口
企业找不到可供加工出口的肉兔,而同时农民卖兔难的问题
仍然存在。其三,上市的良种肉兔不多,存在着"老、瘦、小"问
题,加工出来的兔肉达不到出口标准要求。

进入 21 世纪以来,我国兔肉出口,虽不尽如人意,但仍保
持在 3 万吨左右。作为传统出口商品,虽然国际市场竞争激
烈,甚至遇到保护主义的干扰,若是抓好建立出口基地,引进
肉兔良种,设立肉兔收购网站,完善加工冷冻设施,提高加工
和卫检水平,改善服务质量,冻兔肉的出口潜力仍然很大。
2004 年 8 月,欧盟宣布解除我国畜禽国外动物源性食品出口
禁令(其中包括兔肉)。这标志着我国兔肉食品经过三年封关
后重返欧盟市场。当年出口冻兔肉 6 395.9 吨,同比增长
44.5%,出口兔肉金额达 1 006.72 万美元。出口欧盟冻兔肉

价格,每吨6 600欧元(折合人民币7.2万元),是欧盟对我国封关前的4倍。

我国獭兔皮尚未形成大宗商品。主要出口一般家兔皮,年约4万张。还有相当数量的制成品,如兔皮褥子、兔皮大衣、儿童玩具及装饰品等。獭兔皮国际市场很畅销,仅美、日两国就需1 000万张,价格也颇高。我国年产獭兔皮约400万张,大部分供国内制裘工业加工之用,即便全部出口也满足不了国际裘皮市场对獭兔皮的需要。因此,在积极发展獭兔养殖的同时,应不断改进獭兔皮的深加工工艺,提高制成品质量。开拓出口市场,除传统獭兔皮外,主要出口高附加值制成品,以应对国际裘皮市场的激烈竞争。

(五)提供有机肥料,有助粮食丰产

兔粪尿是优质有机肥料,氮(N)、磷(P_2O_5)、钾(K_2O)的含量,分别为2.3%,2.3%和0.8%,居一般畜禽肥效之冠。10只成年兔的年积肥量,相当于1头猪的年积肥量。100千克兔粪尿相当于10.85千克硫酸铵和1.78千克的硫酸钾。经过腐熟发酵的兔粪尿,配制成兔肥喷洒液,施用于农作物效果更佳。不仅如此,田间施用兔肥还能抑制和消灭危害农作物生长的蝼蛄、红蜘蛛等害虫。另外,对改良土壤团粒结构,增加腐殖质,提高土壤肥力也大有好处。

二、世界家兔生产概况

(一)家兔生产及其主要产品

家兔养殖是畜牧业中的一项新兴饲养业。家兔的驯化虽

然较早,但进行商品性生产不过几百年的历史。开始时以生产兔肉为主要目的,后来培育了棕色、白色、蓝色、黄色、银灰色等短毛型皮用兔,促进了皮用兔的发展。安哥拉兔是一个古老的长毛型家兔品种,直到18世纪中叶,随着纺织工业和纺织科学的发展,在欧洲培育出了产毛量较高的安哥拉毛用兔品系,始为人们所重视,至此,以产毛为主要目的的毛用兔得到了发展。当前,世界家兔生产的主要产品仍以兔肉为首,皮和毛次之。

1. 兔肉生产 当前,世界兔肉年产量约185万吨,其中56.4%来自集约化和比较集约化养兔的国家,43.6%来自传统粗放饲养的国家和地区。兔肉产量最多的国家是意大利、法国、俄罗斯、中国和西班牙,约占世界兔肉总产量的70%。出口兔肉多的国家依次为中国、匈牙利、波兰、罗马尼亚和荷兰。其中以中国最多,约占国际贸易总量的60%以上。进口兔肉最多的国家有意大利、法国、比利时、德国和瑞典。但也有既进口,也出口的国家,如法国进口廉价的冻兔肉,而以高价向瑞典等国出口新鲜兔肉。另外,在邻近的国家之间还有活兔贸易,如法国与荷兰、英国,前南斯拉夫地区与意大利,美国与加拿大之间的活兔贸易。

法国年产兔肉27万~30万吨,占农业总产值的3.5%,超过羊肉和鸡蛋的产值;每人平均消费量5~6千克,居世界之首。法国肉兔生产主要依靠许多小兔群生产汇合而成。匈牙利依靠较大的集约化的肉兔场,有多达10 000只母兔的肉兔饲养场。美国已开始重视较大规模的肉兔生产场,一般每个兔场有500~1 000只或数千只母兔;有的家庭养几只兔于后院,供临时食用;小规模的饲养,在美国不少州的城镇或农场比较普遍。英国也以肉兔生产为主,如喀米里里公司是经营肉兔生产的大公司,该公司有自己的饲养场,饲养着 900～1 000 只繁殖种兔(公母比例 1:25),主要品种为新西兰白兔,也有加利福尼亚兔和法国公羊兔;在管理上采用集约化的饲养方式。英国另一个肉兔公司是韦斯康辛公司,其经营规模与喀米里里公司不相上下,1 个饲养员常年饲养 250～300 只繁殖母兔。

西欧是生产肉兔的主要基地之一,主要有意大利、西班牙和德国,年产兔肉约 64.7 万吨;东欧、俄罗斯及独联体国家,年产兔肉约 42.6 万吨;亚洲以中国为主,年产兔肉约 46.68 万吨。

2. 兔皮生产 世界上兔皮生产一般是依附于兔肉的生产,或二者结合进行。生产兔皮的国家与生产兔肉的国家相一致。大部分兔皮供国内加工利用,国际贸易算不上大宗商品。法国年产兔皮约 1 亿张,美国年加工兔皮 2 亿～3 亿张。我国年产兔皮远超过 2 亿张,但仅出口 1 千万张左右,其余供国内加工利用。

近年来,美国饲养獭兔已成为热门,标准色型已有 10 余种,除成立了獭兔公司外,在纽约建立了兔裘皮工业中心,专门研究和加工各种兔皮。美国洛杉矶一裘皮商,过去经营水貂皮,后来转营獭兔皮,缝制了各式各样的獭兔皮制品,试销欧洲,深受喜爱,1 件獭兔皮大衣价值 800～1 400 美元,1 件滑雪獭兔皮短茄克价值 725 美元,1 双獭兔皮鞋 65 美元。这位经营者感慨地说:"獭兔皮可以和水獭皮争高低。"

我国曾由中国土产畜产品进出口公司主持召开了北京会议,讨论并通过了獭兔皮试行收购标准和种兔鉴定标准试行办法。我国 20 世纪 50 年代曾引进一批獭兔,但已不复存在。后又陆续从美国、法国和德国引入数批獭兔,试养繁殖初见成效,已由 20 年前零星分散饲养向规模化、产业化生产发展,2004 年产獭兔皮约 500 万张,已形成商品生产的良性循环,全国兔业年创社会经济效益约 100 个亿,獭兔业几乎占一半,这是一个质的飞跃,獭兔皮产品国内外两个市场均供不应求。当今世界獭兔皮称得上是制裘的珍品原料,但目前数量还不多,发展潜力还很大,很有发展前途。

3. 兔毛生产　白色安哥拉兔毛的生产起步较晚,从 20 世纪 50 年代开始,当时兔毛在国际贸易中微不足道,仅 40～50 吨。目前全世界兔毛产量在万吨以上,贸易量达 6 000～7 000 吨。中国是白色安哥拉兔毛的主要生产国和出口国,约占世界兔毛生产量和贸易量的 90%～95%。但法国、比利时、日本等国长毛兔饲养业重新兴起。据报道,法国的长毛兔饲养者每小时收入可达 130～140 法郎,被认为是一项有利可图的事业。日本有 20 余家兔毛厂商,在北海道等地与农民合作发展长毛兔饲养业,一个饲养者年收入 600 万～1 000 万日元。

发展中国家人口多,就业机会少,发展家兔生产潜力很大。家兔的饲料资源比较丰富,所需投资不多,一般家庭都可以养,2 只公兔 3 只母兔就可以办起"家庭养兔场"。发达国家,因为养毛用兔花工多,经济上不合算,如德国养毛用兔收入仅占 20%,肉兔收入则占 80%。今后兔毛生产国主要在第三世界,而且主要在东方。

(二)养兔发展趋势

1972 年在法国成立了"世界家兔科学协会"(简称 WR-SA)。创始人是法国国立农业科学院饲料营养学家 F·Labas。该协会创建的宗旨是学术交流,推动世界养兔业的发展,造福于人类。当时,仅限于欧洲养兔发达国家参加,后扩大到世界五大洲的主要养兔国家。我国是从 1988 年在匈牙利召开的第四届世界养兔科学大会开始应邀出席的。该组织以各国从事家兔选育、饲养、繁殖、病理、生化等专家学者为主体,组成一个委员会,规定每四年召开一次家兔科学研讨会。到 2004 年已举行了八届,第九届世界养兔科学大会将于 2008 年 6 月在意大利举行。世界家兔科学协会通过每四年召开一次的养兔学术研讨和经验交流大会,极大地推动了世界养兔业的发展和养兔科技水平的提高。

1975 年在马耳他召开的国际养兔会议上,专家学者明确指出:"兔肉已成为国际市场畅销的食品,兔毛是天然特殊纺织原料,展望世界养兔业,将是一个大发展的趋势"。自那次会议之后,世界各国的家兔生产都有了不同程度的发展,尤其是肉兔的生产达到了一个新的水平。据《中国畜牧水产消息》报道,联合国粮农组织对 64 个发展中国家进行了养兔专项调查。70%的国家认为养兔可能成为人们的一种食物来源。粮农组织反复论证,认为肉兔既是节粮型草食动物,大多数国家养得起,兔肉又是高蛋白质、低脂肪的食品,人们普遍也吃得起。因此,联合国粮农组织认为:"养兔是穷人的产业","养兔是解决穷国饥荒问题的新招"。联合国建议把肉兔饲养业列入发展中国家的发展规划,做好技术传授和组织工作,促使养兔业有一个较快的发展。

1992 年在美国俄勒冈召开了第五届世界养兔科学大会,收到科学论文 400 多篇,会议交流 190 篇(其中有中国 19篇)。通过大会发言、小组讨论交流和贸易洽谈,对后来世界家兔科学研究(遗传育种、繁殖、人工授精及精液冷冻、家兔饲料和兔病防治等)和发展家兔生产起到了一定的促进作用。

1996 年 7 月，第六届世界养兔科学大会在法国图卢兹市迪雅哥拉国际会议中心召开。有 139 个国家和地区参加，约 500 多位代表出席了会议。我国应邀参加，昝建梁以世界家兔科学协会中国分会副主席的身份出席了会议。当我国自己选育的中国镇海巨型高产长毛兔(群体平均体重 5 000 克，年均个体产毛 1 500～2 000 克)在大会亮相后，引起了轰动。世界著名家兔育种家齐默曼博士高兴地对昝建梁说:"人家说我是世界'兔王'，其实你才是真正的'兔王'"。世界家兔科学协会组委会主席雷巴斯兴奋地说:"让世界都知道中国长毛兔是世界之冠。"另外，北京元隆集团约数十件獭兔皮裘皮制品和山东省的数十件兔皮玩具出现在展厅时，获得与会代表的一致好评。

目前世界养兔比较先进的国家，在家兔生产上有以下几个特点。

1. 养殖集约化、现代化 在恢复和发展家庭养兔的同时，出现了高度集约化、现代化的养兔场，采用封闭式兔舍，自动控温、控湿，自动喂料和饮水，自动清除粪便，大大节省了劳动力，而且不受季节的影响，可以密集繁殖，保证四季均衡生产，有利于防疫和控制传染病，效率很高，成本相对降低。目前西欧肉兔生产，除家庭小规模的饲养外，多采用高度集约化的工厂化生产方式。毛用兔的饲养仍采用传统的小规模的家庭饲养方式，因为毛用兔管理上的某些技术问题尚有待解决。

2. 饲料生产趋向于工厂化、标准化，饲料形状颗粒化 随着较大规模的集约化家兔生产方式的兴起，出现了饲料加工工厂化、专门化，营养成分标准化，饲料形状颗粒化的趋势。一些国家如美国、法国、德国等，规定了家兔的饲养标准和饲料配方。德国的赛芮斯种兔场、英国的喀米里里公司饲养场等都是用饲料公司供应的全价颗粒饲料,饮水有自动饮水器,饲养管理颇为方便。

3. 家兔育种方面强调产量、质量和饲料报酬　毛用兔育种着重考虑产毛量和毛的品质而不重视头型和外貌,如德系安哥拉长毛兔产毛量几乎到了兔子能适应的极限。据巴登符腾堡州斯图加特市农展会资料,平均1只兔年产毛量达到1.1千克,展览会展出的1只冠军兔,体重5千克,年产毛量1.6千克。另外,为适应人们对天然彩色兔毛纤维的需求,20世纪末美国选育成功了彩色长毛兔。毛色有黑色、红棕色、黄色、米黄色、灰色和蓝紫色等。肉用兔的育种偏重于繁殖力、生长速度和料肉比。如法国成立了父系育种协会和母系育种协会,并制订了全国统一的育种方案,培育专门配套的品种,充分利用杂交优势,生产商品肉兔。皮用獭兔的育种特别强调毛色和皮的质量标准。如美国獭兔的标准毛色有黑色、蓝色、碎花、白花、海狸色、青紫蓝色、巧克力色、紫丁香色、山猫色、乳白色、红色、黑貂色、海豹色等14种。新的标准要求体型匀称、肌肉丰满、被毛致密,毛长约1.59厘米,毛质坚挺有力,手摸有柔软感,毛峰平齐,针毛分布均匀,不突出被毛之外等。在体重的要求上,母兔体重最低达3.629千克,公兔体重最低达3.175千克,方可留作种用。

4. 重视家兔研究和推广工作　美国农业部最早创办的养兔实验中心,在加利福尼亚州的福太拿,是美国养兔技术资料的重要来源。俄勒冈州立大学养兔研究中心也是由美国农业部支持创建的,该中心出版的《实用家兔研究》杂志刊登养兔生产中最新的研究资料。许多州立农业院校也从事家兔的研究,掌握养兔业动态,帮助培养养兔人才。美国家兔育种协会帮助地方州、县养兔协会和专业俱乐部、业务情报机构、皮货市场编写参考资料和有关印刷品;协会每年召开年会,互通情况,交流经验;举办兔子展览会,为养兔爱好者推销种兔和兔产品等。

法国有很多养兔组织,已建立的 100 多个养兔生产者集团,拥有 7 000 个养兔户。此外,还有生产者合作社、生产者协会、生产者联合会等名目繁多的养兔组织,它们既搞科研又搞生产和推广,对法国家兔生产的发展起了积极的作用。

三、我国家兔生产概况

我国养兔历史悠久。最早养兔主要是供宫廷观赏之用,饲养数量不多,中国白兔是惟一的品种,后来流入民间饲养,但从未当作经济动物看待。20 世纪 20 年代,开始从国外引入英系安哥拉长毛兔,主要在江、浙一带饲养;30 年代,又先后引入皮、肉用兔,如獭兔、青紫蓝兔等品种,但数量不多,广大农村还是以饲养中国白兔为主。中华人民共和国成立前,我国的家兔饲养始终未能发展成为一项产业。

中华人民共和国成立后,我国的养兔生产迅速发展。1954 年在北京市建立了第一个规模较大的种兔场之后,又几次从国外引进家兔良种,并建立了一些种兔场。目前,家兔品种已有 20 多个,家兔良种如德系安哥拉长毛兔、美国獭兔、新西兰白兔等,正在全国各地推广。同时,各主管部门积极组织生产并开展收购业务,对我国的家兔生产起了积极的推动作用。1954 年和 1985 年,我国的兔毛和兔肉先后进入国际市场。改革开放以后,养兔作为农村致富的一项副业,得到了迅速发展。1985 年底全国家兔存栏达 1.01 亿只,但由于诸多原因,自 1986 年以后全国养兔生产出现了大滑坡,持续 5 年之久,直到 1991 年才开始好转。该年度兔毛出口 7 293 吨,比 1990 年增长 33.5%。1994 年我国兔毛出口首次突破万吨大关,达到 10 677 吨,创汇 1.37 亿美元(吨均 1.28 万美元)。但冻兔肉出口尚未达到历史最高水平。1996 年,全国家兔饲养量达到 3.7457 亿只,出栏 2.0755 亿只,存栏 1.6702 亿只(其中肉兔约 1.2 亿只,长毛兔约 0.4 亿只,皮用兔及其他兔 700 多万只)。必须指出的是,各省、自治区养兔业的发展极不平衡,山东省连续两年居全国养兔之首,1996 年,饲养量 1.4983 亿只,出栏 8 302 万只,存栏 6 681 万只,占到全国的 1/3。

进入 21 世纪后,我国养兔业又有了新的发展。2004 年我国家兔饲养量达到了 5.4202 亿只,其中出栏 3.3986 亿只,存栏 2.0216 亿只。产兔肉 46.68 万吨,比 2003 年的 43.8 万吨增长 6.6%;出口兔肉金额 1 006.72 万美元,同比增长 68%;出口兔毛金额 4 386.88 万美元,同比增长 52.9%。总之,我国养兔业的发展经历了一条漫长曲折的坎坷道路,既有高峰期也有低谷期,既有喜也有忧,总的趋势是道路曲折,前途光明。

四、从实际出发,发展中国特色的养兔业

我国加入世界贸易组织"WTO"之后,中国养兔业面临极大的挑战和巨大的机遇。如何健康、持续和有效益的发展,是我们必须面对和认真思考的问题。

(一)生产模式因地制宜,不拘一格

我国的家兔生产主要由农民家庭养兔、集体兔场和国营

种兔场三种模式组成,各自发挥着自己的优势,对发展我国家兔生产起了重要的作用。仅就农民家庭养兔来说,虽然规模不大,管理水平较低,但也有许多优点:可利用房前屋后的空地和野草、野菜及农副产品作为饲料,投资不多,占地少,能充分利用家庭的剩余劳动力和辅助劳力(老人、小孩);资金周转快,灵活性大,不担大的风险。家庭养兔在过去、现在和将来都是我国养兔业的主要组成部分和基本力量。随着农村经济体制改革和党的农村经济政策的落实,农村出现了养兔专业户、专业联户和专业村等,这些都是农村养兔专业化、集约化的萌芽,是农民自发组织起来的专业化队伍,应该积极热情地扶植和引导。

在巩固、提高和发展家庭、集体养兔业的同时,为适应农业现代化和城乡人民生活水平提高的需要,因地制宜地兴建一些较大规模的现代化种兔场(原种场、繁殖场)和商品生产场(专门生产兔肉、兔皮和兔毛)也是很必要的。据《兔业信息》2004年7月报道,浙江"航母型"獭兔场浮出水面。杭州新生代皮革有限公司所属獭兔生产基地,共拥有笼位5.47万个,目前存栏6万余只,其规模化程度及管理水平堪称国内一流。

(二)普及养兔知识,推广科研成果

兔子是小动物,过去一直不被人们重视,所以家兔饲养方面的研究报告、书籍相对比其他家畜少,在农村,科学养兔的知识更为贫乏。近年来,由于中央和地方政府的重视和支持,各地在有关部门和大专院校、科研单位等的密切配合下,在养兔科研、教学、出版、推广等方面做了大量的工作,对促进养兔生产起了积极的推动作用。

1981年,在农业部畜牧总局的主持下成立了中国家兔育种委员会,翌年,出版发行了《中国养兔杂志》。有的省(自治区、直辖市)先后成立了养兔协会、养兔研究所、养兔技术咨询服务中心等机构和组织。农业院校大部分开设了养兔学课程,农业科研单位开设了养兔课题。各有关部门密切配合,开展了一系列积极有益的活动,如组织学术讨论会、养兔技术信息交易会、展览会、赛兔会和举办各种类型的养兔技术培训班等,在培养技术骨干,普及养兔科技知识,推广科研成果,提供种兔、兔具、兔药等方面,起了积极作用,深受养兔者的欢迎。

1996年3月,世界家兔科学协会中国分会,经农业部批准在南京正式成立,收到世界家兔科学协会的贺电并应邀派代表出席世界养兔科学大会。这是我国家兔科研、教学和生产历史上的一件大事。通过与世界各国在养兔方面的学术交流和技术合作,学习先进国家的科学技术和经验,对我国的家兔生产、兔产品深加工和外贸出口产生了积极影响。

2002年12月9日,中国畜牧业协会兔业分会正式成立。2003年3月21日在内蒙古自治区呼和浩特市召开了第一届常务理事会,讨论通过了每年6月6日为兔业节,对引导兔肉消费、扩大内需、开发外销,做大兔业产品市场,起到了积极的推动作用。

(三)制定中国家兔饲养标准,推广颗粒饲料

我国养兔的饲养水平还处于有啥吃啥的落后状态,不仅饲养期长,饲料报酬低,而且单产低,产品质量差。以毛用兔的饲养为例,我国农村目前饲喂长毛兔的饲料,普遍缺乏兔毛生产所需要的含硫氨基酸。据调查,浙江省某县平均每只长毛兔年产毛量仅150～200克,添加含硫氨基酸饲料后,产毛量提高35.33%,特级和一级毛提高了12.33%。另外,由于

粮食丰收有余,有的养兔户用原粮(稻谷、玉米、小麦等)喂毛用兔,结果兔子只长膘不长毛,甚至导致消化道疾病而死亡,不仅浪费了粮食,兔子也没养好。

　　同样成分的配合饲料,其形状不同饲养效果亦不相同。据试验,兔子吃颗粒饲料比吃粉料在生长速度和饲料效能上都高,而且兔子喜欢吃,饲料浪费也少。因此,制订我国自己的家兔饲养标准,并组织生产不同生产类型和生理阶段的家兔颗粒饲料,向农村养兔户推广,势在必行。

(四)树立商品生产意识,向产业化方向发展

　　近年来,我国家兔生产经历了市场经济的洗礼,各地都有成功的经验和惨痛的教训,逐渐适应了商品经济效益和市场调节的要求,市场经济观念日趋成熟,取得了可喜的进步。其主要特点是,增强了商品观念和风险意识,既求生产发展,也讲经济效益和社会效益。在组织形式上采取企业、科技人员和兔农三结合的模式,在生产和经营上采取产前、产中和产后一条龙服务,逐步向专业化、产业化方向发展。

　　例如,浙江省新昌县(原长毛兔之乡)于20世纪末成立了新昌县兔业合作社。它是以县供销社、养兔科学研究所为依托,养兔户为主体,自愿组织起来的专业化合作组织。合作社通过为社员提供信息、技术、运输、销售等产前、产中和产后一系列服务,把千家万户养兔生产者与大市场连接起来,社员生产的兔毛等产品由合作社统一销售,年终按所投售产品的数量和质量折合成股金进行分红兑现,体现了利益共享、风险共担原则,提高了养兔效益和抗风险的能力。据2004年统计资料,合作社股金已达260万元,入社社员812户,带动全县25 000户兔农致富,向省内外出售良种兔32万只,与省内外

80多个县(市)建立了比较稳定的业务往来,为兔农销售兔毛1 327吨,销售金额达到1.5亿元,极大地提高了全县兔农的经济社会效益。在兔业合作社注册的百雪公主兔毛商标,获得了浙江省农产品金奖。

又如内蒙古乌兰察布盟成立了兔工商股份合作总公司。以公司为龙头带动6个县(旗)农牧民养兔,饲养量已发展到300多万只,年提供商品肉兔190多万只,增加了农牧民的经济收入,推动了当地脱贫致富工作的开展。

再如黑龙江省鸡西市恒山煤矿,为实现结构调整、多业并举的转产战略,经调查研究,遴选了獭兔饲养这个项目,投资240万元,与北方兔业科技开发中心联合成立了北方兔业开发公司。公司与矿区养兔户签订技术保教、产品保收的"双保"合同,通过这种形式与养兔户结成"利益共同体",使獭兔养殖走向产业化。另外,公司设立了2个良种繁育场、3个配套加工厂和5个方面的服务项目。目前"合同户"已发展到816个,养獭兔3.53万只,正朝着集繁育、饲养、加工、开发于一体的集团公司方向发展。

(五)开展兔产品的综合开发利用,提高经济效益

巩固和发展我国的养兔业,除了满足外贸传统的出口产品——兔毛、冻兔肉和兔皮的货源外,还必须立足于国内综合深加工利用,以提高养兔的总体经济效益和社会效益。以原料出口不仅经济上不合算,而且容易受国际市场变化的冲击。如1吨兔毛售价3.76万美元,而1吨兔毛与4吨羊毛混纺成兔羊毛纱(20%兔毛,80%羊毛),则可得8.343万美元,除去羊毛价2.24万美元,1吨可得6.103万美元,比1吨纯兔毛出口多创汇2.343万美元,经济效益是显著的。

国家对新产品开发非常重视。为鼓励多用兔毛生产深加工商品,纺织工业部门提出以下对策:一是提高出口产品的外贸收购价和外贸留成。以出口1千克含20%兔毛纱计算,如加工成兔毛衫出口,可增值64%;如加工成珠花兔毛衫出口,可增值120%。二是统一兔毛收购标准,建立兔毛生产基地。推行农工直接交接,减少中间环节,贯彻优质优价,既鼓励农民生产好的兔毛,也使工业部门能得到价格合适的兔毛原料。

近几年,纺织工业部门开始把开发利用兔毛作为产品开发的重点之一。经多方努力,目前兔毛年产量已增加到1万吨以上,新开发的兔毛系列产品已达100多个品种,200多个花色。产品结构已从过去主要生产粗纺兔毛衫发展到生产精纺兔毛衫、精纺呢绒、毛毯、毛线以及护膝护腰等医疗保健用品,工艺上已攻克了高比例兔毛制条技术难关,能批量生产兔毛含量在50%~100%的精纺、粗纺产品,并解决了防缩、掉毛和防蛀等技术难题,从而改进了兔毛产品的使用性能。在原料结构上也有较大突破。由兔毛和羊毛混纺,发展到兔毛与腈纶、锦纶、麻、丝和棉等多纤维混纺和交织。品种花色已从过去的内衣兔毛向外衣时装化发展,产品轻重厚薄系列配套,适宜男女老少穿着。花式从过去比较单一的珠花为主发展到补花、贴花、印花、挑花和画花等。目前部分产品已达到国际先进水平,如仿兽皮兔毛衫、精纺兔毛产品和高比例兔毛毯等已行销国外。

在兔肉深加工方面,也取得了一定的进展。四川省肉兔生产在全国举足轻重,1991年全省家兔存栏1 626万只,其中肉兔1 341万只,兔肉总产量2.75万吨,兔肉内销量居全国之首,兔肉深加工方面走在全国的前头。素有"兔肉传家之乡"的广汉市和彭山县,兔肉加工业相当发达,具有年加工500

万～600万只肉兔的能力,广汉市有以出口冻兔肉为主的大型冻兔肉加工厂,两县、市共有160多家中、小型兔肉加工厂,还有近千家兔肉加工专业户。加工的品种除了久负盛名的缠丝兔之外,还有红板兔、熏兔肉、胡子兔、五香兔头、熏兔腿等20余种,其中约半数供外销。辽宁省昌图县建成一大型兔肉加工冷冻厂,既提高了企业经济效益,也解决了农民卖兔难的问题。

此外,在獭兔皮的开发利用上亦有进展。江苏、浙江、湖南和内蒙古等地已把獭兔皮的开发列入国家科委星火计划。吉林省一养殖总场与香港林天佑集团签订了獭兔皮合资经营20年的合同,年产约30万件獭兔皮服装。台湾省和新加坡商人,已分别与云南省和北京市签订了合作经营獭兔皮产品的意向书。黑龙江省甘南县与泰国商人和美国中华销售公司正式签订了为期15年的"甘、泰、美"獭兔皮开发补偿贸易协议书,年产约20万件獭兔皮服装,外商包销产品,年创汇约8 000万美元。我国獭兔皮的深加工虽起步较晚,但近几年发展较快,基本结束了过去只卖皮不加工利用的历史。

(六)转换外贸经营机制,实行兔毛统一成交

前几年兔毛收购、出口混乱。滞销时压级压价,甚至拒收、停收,旺销时哄抬、抢收,给不法分子弄虚掺假、牟取暴利以可乘之机,农民怨声载道,企业收不到好的兔毛。在出口贸易中,国内各公司多头交易,为了本企业的眼前利益,争相压价,亏了国家,损了自己,便宜了外商。前几年国际兔毛市场之所以混乱,在一定程度上是自己酿的苦酒自己喝。总结经验,吸取教训,转换企业经营机制,实行兔毛统一收购标准和外贸统一成交势在必行。20世纪90年代我国在上海市成立

了中国兔毛对外交易中心,应邀参加成立大会的有日本、意大利、西班牙、新西兰、澳大利亚和香港等国家和地区的 67 家公司 100 多名代表,客户对兔毛交易中心的成立表示祝贺,对中国兔毛出口统一窗口的新举措表示赞赏。一致认为,中国是世界最大的兔毛生产国和出口国,只要中国能统一出口,企业界经营兔毛的信心就会恢复,市场就会好转,贸易量、贸易值都会回升。从目前国内兔毛收购和外贸出口情况来看,统一标准、统一成交的方针是正确的,已初见成效。但还需不断总结经验,使其完善并长期坚持下去。

第二章　家兔的主要生物学特性

现代的家兔,虽然品种、类型不同,体型、毛色各异,但都在不同程度上继承了其祖先——欧洲野穴兔的某些生物学特征。比如,特殊的双门齿、发达的盲肠、原始的双子宫、适于跳跃的身躯结构等解剖学特征,以及昼伏夜动、喜欢啃咬、善于刨土挖洞、自食软粪等生活习性。

一、家兔的起源及其在动物学分类上的位置

（一）家兔的起源

目前世界上所有的家兔品种均来源于欧洲野穴兔。特别是西班牙和法国的家兔有这种野兔的原始亲缘,而且在西班牙半岛的地层中找到了这种野兔的化石。家兔驯化的历史远比文字记载要早,各国的情况不尽相同。据汉斯纳茨海考证,欧洲家兔驯化始于 16 世纪的法国修道院,因为当时斋期只允许吃初生的和尚未出生的仔兔,便产生了围栏养兔。中国家兔驯化的历史众说不一,而且驯化的过程也不相同。至于中国家兔的起源问题,据考证不是中国的野兔,而是通过丝绸之路,从欧洲输入的野穴兔。我国的野兔不是我国家兔的祖先,它是兔科中另一个属(旷兔),它在旷野中生活,不会打洞穴居,仔兔出生就睁开眼睛,全身有被毛,而且很快就能跑动。这种野兔,人工饲养很难养活,即使养活也难以繁殖。以上这

些特性与家兔显然有别。

(二) 家兔在动物学分类上的位置

家兔在动物学分类上,属于动物界,脊索动物门,脊椎动物亚门,哺乳纲,兔形目,兔科,兔亚科,穴兔属,穴兔种,家兔变种。

二、家兔的外形结构特征

家兔头小、偏长,背部弯曲呈弓形,腹部远大于胸部,前肢较短,后肢长而有力,不仅脚趾着地,而且脚掌也着地,后脚尤为明显。这种独特的体型结构,与其他家畜显然不同。这与家兔的祖先——野穴兔在进化过程中所处的生态环境有关。背腰弯曲和后肢发达与具有较强的弹跳力密切相关;腹大胸小则与草食性、繁殖力强和活动少相一致;头小、偏长便于采食和钻洞。另外,前肢弱小但很灵活,可以摄取食物和搔痒。

家兔的不同生产类型、不同品种之间,在体型外貌上有其不同的特点。了解这些特点对生产上的外貌鉴定非常重要。从家兔的外貌上还可以反映出它们的健康状况、发育情况和生产性能。因此,掌握外貌鉴定的方法和要求,对于选种、育种和了解生产情况是十分必要的。

家兔的整个身体可以区分为头、颈、躯干、四肢和尾等部分(图 2-1)。

(一) 头

家兔的头偏长,可分为颜面区(眼以前)及脑颅区(眼以后)。颜面区约占头全长的 2/3。口较大,围以肌肉质的上下

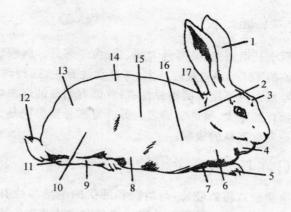

图 2-1　家兔外观各部位名称

1.耳　2.颈　3.头　4.肉髯　5.爪　6.胸

7.前脚　8.腹　9.后脚　10.股　11.飞节　12.尾

13.臀　14.背　15.体侧　16.肩　17.后颈

唇,上唇中央有纵裂,门齿外露,口边有长而硬的触须。鼻孔大,呈椭圆形。眼球甚大,几呈圆形,位于头部两侧,其单眼的视野角度超过 $180°$。家兔眼珠有各种颜色,在一般情况下它是品种特征之一,如中国白兔呈现粉红色,公羊兔呈现黑色等。耳长大,其长度一般超过头长,可以自由转动(个别品种例外),酷似雷达装置。耳的长短、厚薄,又是区分家兔品种的依据之一,如中国白兔耳短、厚而直立,公羊兔耳特大而下垂,日本大耳兔耳长而大,且形同柳叶。

(二) 颈

兔颈短,从外形看一般大、中型肉兔有肉髯,没有明显的颈部,但中、小型的皮用兔,颈部轮廓明显可见。

（三）躯　干

躯干长而弯曲，又可分为胸、背、腹3部分。胸腔较小，仅为腹腔的 1/7～1/8；腹腔特大，与草食性有关，选种时应挑选腹部容量大但不松弛而富弹性者；背部有明显的弯曲，选种时以选择背腰宽大、臀部宽圆者为好。脊椎骨棘突明显、臀窄下垂者是发育不良的表现。

（四）四　肢

家兔前肢短后肢长，与跳跃和卧伏的生活习性有关。前肢包括肩带、上臂、前臂和前脚4部分。前肢关节包括肩、肘、腕和指关节。前脚5指，指端有爪。后肢包括腰带、大腿、小腿及后脚4部分。后肢关节自上而下依次为髋关节、膝关节、跗关节和趾关节，后脚4趾，趾端具爪。

（五）尾

家兔尾短而小，仅起掩盖肛门和阴门的作用。

三、家兔的消化特性

（一）消化系统的结构

消化系统包括消化管道和消化腺两大部分。消化管道是一根长管，各部分的功能分工不同，在结构上的顺序是：口，口腔，咽，食管，胃，小肠（包括十二指肠、空肠、回肠），大肠（包括盲肠、结肠、直肠），肛门。

消化腺包括唾液腺、肝、胰及胃腺、肠腺。消化腺为有管腺,分别由导管把腺体分泌的消化液输送到消化道相应的部位。消化系统的结构见兔内脏解剖(图2-2)。

(二)消化器官的主要功能

消化过程是一个机械的、化学的和微生物的复杂的综合过程。机械的作用是利用口腔中的牙齿对所摄取的饲料进行切咬、咀嚼和胃肠蠕动将食物磨碎,混合消化液并向后输送。化学的作用则是利用消化液中各种酶的作

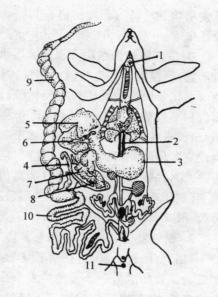

图2-2　兔(雌)内脏解剖图
1. 颌下腺　2. 食管　3. 胃　4. 小肠
5. 肝　6. 胆囊　7. 胰腺　8. 胰管　9. 盲肠
10. 大肠　11. 肛门

用,把不能被机体直接吸收、结构复杂的食物分解为简单而易被机体吸收利用的物质。微生物的作用主要是靠盲肠内的微生物分泌纤维素酶来分解食物中的纤维素,供兔体利用。

饲料经消化后分解为比较简单的物质,这些物质由消化道吸收进入血液和淋巴液,再经血液循环输送到全身各部。营养物质被机体吸收后所剩下的糟粕则以粪便形式排出体外。

以上仅概述了单胃草食动物的一般消化规律和机理。家兔属于单胃草食动物,自然包括其内。然而,家兔和其他单胃

草食动物如马、骡、驴相比仍有其特殊的方面,现择其重要者分述如下。

1. 口腔的特殊结构 家兔上唇纵裂是其他家畜(包括草食动物)所没有的。兔豁唇的形成,致使门齿裸露,便于采集地面上比较矮小的植物和啃咬树枝、树皮和树叶。成年兔的牙齿和一般草食家畜有共性,具有发达的门齿,便于切断饲料;臼齿咀嚼面宽阔具有横脊,适于研磨草料;门齿与臼齿间具较宽的齿间隙,没有犬齿。这种口腔结构与家兔的草食性有关。其独特之处在于上颌有 2 对门齿,形成特殊的双门齿型,有别于啮齿动物(鼠类)的单门齿型。但它的大门齿又属恒齿,故又有鼠类的啮齿行为。

2. 极为发达的盲肠 家兔小肠和大肠的总长度为体长的 10 倍,盲肠极为发达,在所有单胃草食动物中兔的盲肠比例最大。盲肠酷似一个天然的发酵袋,其中繁殖着大量的微生物和原虫,起着反刍动物第一胃的作用。盲肠内具有螺旋瓣,是其原始性特征。

3. 异常的圆形球囊组织 在回肠和盲肠连接处,出现一个膨大的壁厚中空的圆形球囊,具有发达的肌肉组织,它与盲肠相通,这就是家兔特有的"圆小囊"。它的主要功能包括机械压榨食物,消化吸收,分泌碱性溶液中和微生物所产生的有机酸。

(三) 家兔的消化生理效应

1. 能够有效利用低质高纤维饲料 家兔依靠盲肠中的微生物和"圆小囊"的协同作用,使其对粗纤维有较高的消化率。家兔借助盲肠微生物和饲料迅速通过消化道的特点,迅速排除难以消化的粗纤维,而非纤维部分迅速被消化吸收,故家兔在利用低质高纤维饲料方面,其能力是很强的。

2. 能充分利用粗饲料中的蛋白质　家兔对青粗饲料中的蛋白质有较高的消化率。以苜蓿粉为例，家兔消化苜蓿粉中的蛋白质为 75%，而猪低于 50%。另外，有人用全株玉米秆制成的颗粒饲料做试验，家兔对粗蛋白质的消化率为 80.2%，马仅为 53%。

3. 盲肠营养物　家兔摄食的饲料很快进入胃，然后输入小肠，不易被消化吸收的物质进入盲肠，受到盲肠内微生物的作用，被分解的物质（主要是挥发性脂肪酸）经过肠壁被机体吸收，其余内容物排入结肠。

家兔消化道的特点，在于近侧结肠具有双重的功能：盲肠内容物早晨进入结肠时，结肠壁分泌一种黏液并通过肠壁收缩，把内容物逐渐包围，形成球状物并聚集成串，即所谓"盲肠营养物"，或称为软粪；盲肠内容物在其他时间进入结肠时，其形状就不同了，由于结肠的连续收缩并交替变换着方向，含有小颗粒（直径不到 0.1 毫米）的液体部分大都被挤入盲肠，而含大颗粒（直径 0.3 毫米以上）的坚硬部分则形成硬粪粒排出体外。结肠利用它特殊的双重功能，制成两种性质不同的粪便，前者为软粪粒，后者为硬粪粒。软粪粒中含有营养价值较高的蛋白质和水溶性维生素（表 2-1）。

表 2-1　兔软粪和硬粪成分比较　（干物质　%）

种　类	软　粪	硬　粪
蛋　白　质	29.5(19～39)	13.1(4～25)
粗　纤　维	22.0(10～34)	37.8(16～60)
脂　肪	2.4(0.1～5.0)	2.6(0.1～5.3)
无　机　盐	10.8(3～18)	8.9(0.5～18)
无氮浸出物	35.3(25～45)	37.6(30～46)

4. 粗纤维对家兔必不可少　在家兔日粮中供给适量的粗纤维饲料对家兔是有益无害的。据国外报道,每天排出的软粪量及其成分不受饲料性质的影响,而且软粪干物质数量与饲料纤维素含量也无关。家兔消化系统的特殊功能,要求供给粗纤维填充物。如果饲料中所含粗纤维少或极易消化,那么向盲肠输送量增多,但盲肠内容物缺少供给盲肠微生物所需要的养料,在这样的环境条件下,使各种不同的细菌增殖,其中一部分是有害的。因此,应为家兔提供适量的填充物,以保证消化道的输送。

浙江省某种兔场,由于饲料搭配不合理,高蛋白质、高能量的饲料比例较高,而缺乏粗纤维饲料,兔子养不好,经常发生腹泻而死亡,幸存的兔,体质瘦弱,也不能正常繁殖。后来调整了饲料配方,减少了高能量、高蛋白质饲料的比例,并相应增加了粗纤维饲料(稻草粉),情况就大为好转,兔子很快恢复了健康,而且幼兔、青年兔生长很快,母兔繁殖也恢复了正常。

四、家兔的繁殖特性

繁殖后代,保证种族的延续,是家兔最基本的生理功能之一,生殖器官是完成上述生理功能的保证。

(一) 生殖系统的解剖学概念

1. 公兔生殖系统　公兔生殖系统包括睾丸(精巢)、附睾、输精管、副性腺及阴茎(图 2-3)。

(1) 睾丸　是产生精子和分泌雄性激素的腺体。幼兔的睾丸不易摸着。2.5 月龄以上的公兔已显出阴囊。成年公兔

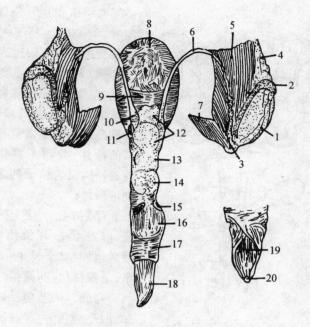

图 2-3　公兔的生殖系统(背面)

1. 睾丸　2. 附睾头　3. 附睾尾　4. 蔓状静脉丛　5. 输精管褶　6. 输精管
7. 睾丸提肌　8. 膀胱　9. 泄殖褶　10. 输精管膨大部　11. 旁前列腺
12. 精囊　13. 精囊腺　14. 前列腺　15. 尿道球腺　16. 球海绵体肌
17. 包皮　18. 阴茎　19. 尿道　20. 外尿道口

的睾丸基本上在阴囊内,偶尔也在腹股沟管内或腹腔内。家
兔腹股沟管终生不封闭,睾丸可自由地下降到阴囊或缩回腹
腔。

(2)附睾　由附睾头、附睾体、附睾尾组成。附睾是运输
和贮存精子的地方。在运送过程中,精子继续发育而达到完
全成熟。

(3)输精管　由附睾尾开始,经腹股沟管上升入腹腔,另

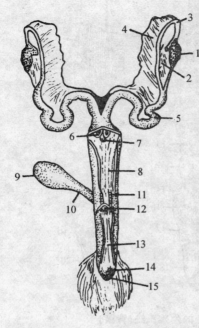

一端与尿道相连。公兔交配时,附睾内的精子通过输精管进入母兔阴道。

(4)副性腺 主要由精囊、精囊腺、前列腺和尿道球腺等腺体组成,其功能是分泌具有丰富营养物质的液体,为精子提供营养;另外,又为精子的运动创造条件。

(5)阴茎 是交配器官,静息状态时长约2.5厘米,勃起时全长4～5厘米,呈圆柱状,前端游离部稍有弯曲。阴茎包括阴茎根、阴茎体和阴茎游离端3部分。家兔的阴茎端以不形成膨大的龟头为其特征。

图 2-4 母兔的生殖系统(背面)
1. 卵巢 2. 卵巢囊 3. 输卵管
4. 卵巢韧带 5. 子宫 6. 子宫颈
7. 子宫颈间膜 8. 阴道 9. 膀胱
10. 尿道 11. 尿道瓣 12. 尿道开口
13. 阴道前庭 14. 阴蒂 15. 阴门

2. 母兔生殖系统

母兔生殖系统包括卵巢、输卵管、子宫、阴道和外生殖器等部分(图 2-4)。

(1)卵巢 是产生卵子和雌性激素的腺体,左右各一,呈卵圆形,色淡红。卵巢终生留在腹腔,位于肾后方,以短的系膜悬于第五腰椎横突附近的体壁上。

(2)输卵管 左右各1条,是卵子通过并受精的管道,由输卵管系膜悬挂于腰下,其前端形成喇叭口,开口朝向卵巢。成熟的卵子从卵巢落入喇叭口,由于输卵管肌肉的蠕动及管壁纤毛的运动,使卵子沿输卵管向子宫方向运动。

（3）子宫　是胚胎生长发育的器官。家兔有 1 对子宫,长约 7 厘米,左右两个子宫完全是隔离的,但均开口于阴道内,也没有子宫体与子宫角之分,属双子宫类型(图 2-5)。

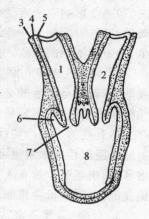

图 2-5　兔的子宫和
阴道的连接

1. 左子宫　2. 右子宫
3. 子宫外膜　4. 子宫肌层
5. 子宫内膜　6. 子宫颈
7. 子宫口　8. 阴道

（4）阴道　位于直肠的腹侧,膀胱的背面,紧接子宫的后端。兔的阴道较长,有7.5～8厘米,分为固有阴道和阴道前庭两部分。二者除有相同的功能外,也是尿液排出的通道。阴道前庭以阴门开口于体外。

（5）外生殖器　外生殖器或称外阴,包括阴门、阴唇、阴蒂等部分。阴门开口于肛门下方,长约 1 厘米。阴蒂具有与公兔阴茎海绵体相似的勃起组织,富有感觉神经末梢。

（二）繁殖生理特性

1. 繁殖力强　家兔繁殖力强,不仅表现在每窝产仔多,怀孕期短,而且表现在一年多胎,母兔产后不久即可配种受孕。另外,还表现在仔兔生长发育快,性成熟早。据国外报道,1 只繁殖母兔一年可提供商品肉兔 55 只,如果把母兔一生中所生的子女的繁殖力计算上,那是很惊人的数字。

2. 双子宫与阴道射精　家兔的子宫是原始的双子宫型，而且阴道又相当长，然而，公兔的阴茎较短，这种奇特的生殖器官结构，决定了公兔射精的位置在阴道。在自然交配的情况下，不会影响双子宫受孕，但在人工输精时往往由于输精管插得过深，可能插入一侧子宫颈口内，招致出现一侧子宫受孕，另一侧不孕的现象。

3. 刺激性排卵　家兔和其他家畜不同，没有明显的发情周期，排卵不是发情的必然结果。卵巢中成熟的卵子在没有性刺激的情况下，不轻易排出，而被机体吸收。这种特性在生产上是有益的。生产实践证明，在不交配的情况下，给母兔注射绒毛膜促性腺激素也可促使排卵。但长期使用会使子宫壁增厚，影响繁殖。故有人主张采用结扎了输精管的公兔与母兔交配，以诱发母兔排卵。

4. 公兔"夏季不育"　在家兔的繁殖实践中，不少人总感到夏季配不上种。问题出在哪里？只要检查一下公兔的精液品质，就真相大白了。据有关资料报道，环境温度和光照对兔子的繁殖是一个潜在的影响因素。据测试，3月份公兔射精量和精子密度最高，精子活力也最好。而夏季（主要是 7 月份）精子活力下降，浓度降低，死精子和畸形精子的比例增高，性欲也减退。这种现象和家兔的繁殖生理不无相关。家兔（包括公、母兔）对环境温度是很敏感的，特别是长毛兔，当外界温度上升到 32℃ 以上时繁殖性能下降，甚至停止繁殖。7 月份是一年中气温最高的月份，以浙江省杭州市为例，7 月份平均气温为 28.8℃，极高温达 38℃ 以上，北方好一些，但也不是繁殖的适宜时期。光照也是一个重要的影响因素，公兔和母兔对光照的要求不甚相同，公兔喜欢较短的光照。7 月份光照时数最长，为 220～290 小时（浙江）。由于气温、光照等

的影响造成家兔生理上的一系列变化。公兔睾丸在 7 月份缩
小 60％,内分泌系统发生紊乱,性欲降低,食欲减退,消化吸
收能力减弱,故有人把公兔在夏季不易繁殖的现象称为"公兔
夏季不育"。

5. 母兔"假孕" 有的母兔在受性刺激后排卵而未受精,
往往形成已怀孕的假象,例如,不接受公兔交配、乳腺膨胀、衔
草垫窝等。造成"假孕"的外因,可能是由于不育公兔的性刺
激造成的,也可能是母兔间相互追逐爬跨引起母兔排卵造成
的。母兔一系列"假孕"表现产生的内在原因尚不清楚,但可
以肯定一点,它是受内分泌系统所产生的激素影响而引起生
殖系统某些器官的兴奋造成的。

五、家兔的体温调节

(一) 家兔的正常体温

家兔正常体温一般保持在 38.5℃～39.5℃。家兔生长
繁殖的适温范围一般为 15℃～25℃,临界温度为 5℃～30℃。
所谓临界温度,就是对外界温度要求的极限范围,超出这个范
围就不能正常生长和繁殖。外界温度在 32.2℃时就对家兔
非常有害,当温度上升到 35℃以上时,如不采取降温措施,就
有可能使家兔死亡,尤其是高产的毛用兔。低温和高温相比
较,家兔怕热而不怕冷(初生仔兔例外)。在某些条件下,成年
兔可以忍耐 0℃以下的气温而不致死亡。尽管如此,但影响
繁殖,同时需要消耗较多的饲料来产生热能以御寒。

（二）家兔调节体温的方式

家兔被毛较厚，汗腺很少，几乎仅分布于唇的周围，所以家兔是依靠呼吸散热的家畜之一。兔肺并不发达，呼吸强度较低。因此，当外界气温由 20℃ 上升到 35℃ 时，呼吸增加 5.7 倍。兔依靠呼吸散热，维持体温的平衡是有一定限度的，所以气温过高兔就减少活动，这和兔的昼伏夜动的生物学特性是一致的。故在家兔生产中要考虑这一特性，夏季要注意防暑降温。

六、家兔的生长发育规律

家兔生长发育快。它在整个生命过程中的生长发育，大体上可分 3 个阶段，即胎儿期、哺乳期和断奶后期。

（一）胎 儿 期

从母兔怀孕（胚胎附植）到仔兔出生，这个时期胎儿的生长发育以怀孕后期最快。据江苏农学院孔佩兰等对长毛兔的研究资料表明，长毛兔在妊娠期的前 2/3 期中，胚胎绝对增长的速度缓慢，直到 21 日胎龄时所增长的重量仅为初生重的 10.82%；在妊娠期的后 1/3 期中生长很快，约占初生重的 89.18%。从第十九天胎龄开始，胎儿重量大幅度增长。胎儿这一阶段的生长速度，不受性别的影响，但受怀仔数、母兔营养水平和胎儿在子宫内排列位置的影响。一般规律是，怀仔多，胎儿体重小；母兔营养水平低，胎儿发育慢；近卵巢端的胎儿比远离卵巢的胎儿重。

（二）哺 乳 期

从出生到断奶这段时间兔的生长发育相当快。在1月龄时增重达最高峰,但以后逐渐下降。据浙江省萧山市城南振兴种兔场的资料,德系安哥拉长毛兔平均初生重为50克左右,长到1月龄时平均体重达600克左右。这个时期兔的生长发育主要受母乳的影响,与母兔体况、饲料种类和带仔数量的多少有关,而与仔兔性别无关。

（三）断 奶 后 期

幼兔断奶后的增重速度,主要受遗传因素和环境因素(饲料、管理、自然条件等)的影响较大。一般规律是生长前期快,生长后期慢。但不同品种的生长速度是不相同的。德国花巨兔90日龄体重占成年体重的45%;新西兰兔90日龄体重占成年体重的55.8%。性别虽有影响,但8周龄内并不明显,8周龄后到26周龄明显地表现出来,公兔生长速度落后于母兔,所以成年母兔体重大于公兔体重。

七、家兔的换毛或脱毛

动物的换毛是一个复杂的生物学过程,换毛期毛囊的结构发生明显的变化。旧毛的毛乳头开始萎缩,毛乳头的血液供应停止,毛球细胞开始角质化。与此同时,在旧毛的下面,发育着新的毛乳头,并形成新的毛球,随着新毛球细胞的不断增殖,形成新毛。随着新毛的生长,旧毛脱落。

正常的换毛应看作是家兔对外界环境的一种适应表现。换毛可分年龄性换毛和季节性换毛。

年龄性换毛主要发生在未成年的幼兔和青年兔。幼年期换 1 次,青年期换 1 次。年龄性换毛,对皮用兔显得十分重要,如獭兔,第一次换毛 3～3.5 月龄结束。这时毛皮品质最好,屠宰剥皮最经济,否则将等到 6 月龄第二次换毛结束之后,是很不合算的。

季节性换毛一年内换 2 次,即春季换毛和秋季换毛,主要发生在成年兔。换毛的月份以及确切的时间,因地区稍有不同。北京地区春季换毛发生在 3 月初至 4 月底,秋季换毛发生在 9 月初至 11 月底。换毛的快慢与气候变化的快慢有关,另外亦受年龄、健康状况和饲养水平等因素的影响。

家兔换毛有一定的顺序。秋季换毛先由颈部的背面开始,紧接着是躯干的背面,再延伸到兔体两侧及臀部。春季换毛与秋季换毛的顺序相似,惟颈部毛在夏季继续不断地脱换。

家兔换毛期体质较弱,消化能力降低,对气候变化的适应能力也减弱,容易感冒。因此,应加强饲养管理,供给易消化、蛋白质含量较高的饲料,特别是含硫氨基酸丰富的饲料,对毛的生长尤为重要。

八、家兔的一般生活习性和行为

(一) 昼伏夜动,喜欢睡觉

在生产实践中,人们不难发现,兔子在夜间非常活跃,跺脚声、尖叫声彻夜不息。据资料报道,家兔夜间采食量及饮水量占昼夜总量的 75%。而白天却表现很安静,除采食、饮水外,常静伏或闭目养神,甚至睡觉。这一习性与家兔进化过程中的生态环境以及它在动物界中所处地位和解剖学结构不无关系。故在家兔的饲养管理中必须考虑到这一特点,合理安排饲养日程,晚上喂足料,饮足水;白天除喂料和必要的管理工作外,尽可能不要惊扰它,保持安静的兔舍环境是十分重要的。

(二)性孤独,合群性差

这一习性与野穴兔的长期穴居有关。穴居是为了隐蔽身体、繁殖后代,但一个小洞,不可能"四世同堂",故仔兔一旦断奶即被母兔赶走,让其自谋生路。因此,养成了独立生活的习惯。在生产中,成年同性别的兔关在一起时,相互厮咬的现象时有发生,尤以公兔为甚,往往咬伤严重。在饲养管理中和运输种兔时,必须引起重视,否则将造成严重损失。

(三)胆小懦弱,警惕性高

兔子是弱小动物,若遇强敌,毫无自卫能力,但它的警惕性很高。它凭借一对听觉敏锐、活动自如的长耳朵,一旦发现危险的信号,就发挥它擅长的绝招——逃逸或钻洞。汉字的"逸"就是由此而来。因此,在管理工作中不要使兔子受惊,切忌粗暴。否则,将会引起兔子食欲不振,怀孕母兔流产,哺乳母兔拒绝给仔兔哺乳,甚至咬伤仔兔。另外,兔舍内要有防御野兽、狗、猫等入侵的设施,如门、窗、铁丝网等。

(四)喜欢啃咬和打洞

兔子啃咬东西的行为与兔子门齿的生物学特性有关。它的恒齿不断生长,发达而锐利,和鼠类的啮齿相似,而且上唇形成豁唇,门齿外露,更便于啃咬。这种解剖学结构对采食是有利的,但对兔笼及用具的破坏也是很严重的,尤其是木质结构的兔笼及用具最易遭啃咬破坏。故在建造兔笼和选用用具时,应注意其坚固性和耐用性。有人主张在兔笼内放短的树枝,供兔子啃咬,一方面照顾了兔子的习性,另一方面也减少了对兔笼的破坏。

兔子的脚爪很发达,喜欢刨土打洞。因此,兔舍的地面、墙角必须坚固,否则兔子会从它刨出的坑道中逃逸。此外,成年的公、母兔应定时剪脚爪。

(五) 喜高燥,爱清洁

在一般情况下,兔子喜欢躺卧在高燥清洁的地方。因为高燥清洁的环境能够保持兔子健康的体况,使其正常地生长发育和繁殖后代。而潮湿污秽的生活环境会招致传染病和寄生虫病的发生。兔子抗病力差,一经感染将会给生产带来严重损失。

另外,兔子对饲料也很挑剔,夹带泥沙或被粪尿污染的饲料,它是不吃的。在管理工作中应经常打扫并保持兔舍、兔笼的环境卫生,不喂夹带泥沙和被粪便污染了的饲料。

(六) 自食软粪的行为

兔子食粪行为也是一种习性,从开始吃草料之后,终生不会间断。兔子食粪应看作是对食物的本能反应,也是正常的生理现象。因为在旷野中生活时,食物质量很差,不能维持生长发育和繁殖的营养需要,食粪后经再消化,吸收其养分,以满足机体对营养的需要。因此,食粪行为是积极的良好习性,对家兔生产有着非常重要的意义。

兔子食粪,不是食所有的粪,而只是食自己晚间排出的软粪粒。兔子食粪时伴随着咀嚼动作。家兔每天由肛门排出的粪便有两种:白天排出的粪便为大颗粒,就是通常所看到的兔粪;另一种是夜间或清晨排出的,小颗粒并带有包膜的软粪粒(盲肠营养物)。软粪粒一俟排出,即被兔子吞食,不留痕迹,不易被人们察觉。兔子通过食粪行为和消化的生理过程,使其能够充分利用粗饲料中的养分,达到对饲料最经济的利用效率;如果突然停止食粪行为,则应视为生病。

第三章 家兔的品种

一、家兔的品种分类

目前家兔饲养遍及世界各地,有 60 多个品种,200 多个品系。由于经济目的、选育方法和饲养管理条件等不同,形成了品种、品系间的差异。为了选育良种、提高生产性能和科学饲养管理水平,将现有的家兔品种进行了分类。分类方法很多,根据我国现有的家兔品种和生产的实际情况,主要依据其生产方向和生产性能,并参考其被毛的生物学特性和体型大小,大体分为 4 个类型。

(一) 毛 用 型

该类型以产毛为主要目的。其主要特征:体型中等,毛长在 5 厘米以上,毛密,绒毛多,枪毛少,除体躯密生绒毛外,腹下、四肢甚至头部都有绒毛着生,远看就像一团绒球。如安哥拉兔及其变种(品系)。

(二) 皮 用 型

该类型以提供优质制裘用的兔皮为主要目的。其主要特征:毛短而密,被毛平整,枪毛分布均匀,皮肤组织致密,被毛光泽鲜艳夺目。体型多为中、小型,头清秀,体躯结构匀称,各部位轮廓清楚,四肢强健有力,一般颌下没有肉髯。如獭兔、银狐兔、玄狐兔及哈瓦那兔等。

（三）肉用型

该类型以生产兔肉为主要目的。其主要特征：多为大、中型，体型较大，头较大，颈粗短，多数有肉髯，体躯肌肉丰满，骨细皮薄，肉质鲜美。肉用型兔繁殖力强，生长快，成熟早，屠宰率高。如新西兰兔、比利时兔、法国公羊兔、弗朗德巨兔及加利福尼亚兔等。

（四）皮肉兼用型

该类型没有突出的生产方向，皮肉皆宜。不属于以上三种类型者均可列入此类。其体型大小很不一致，皮和肉的品质介于皮用兔和肉用兔之间。如中国白兔、日本大耳兔、丹麦白兔、青紫蓝兔、美国花巨兔、德国花巨兔及喜马拉雅兔、贝韦伦兔、太行山兔等。

二、我国饲养的主要家兔品种

（一）安哥拉长毛兔

安哥拉长毛兔原产小亚西亚半岛，是一个古老的品种。因以土耳其首都安卡拉命名，故一般认为，土耳其是安哥拉兔的原产地。原种安哥拉兔体型很小，产毛量不高，当时主要以观赏为主，现已不复存在。安哥拉长毛兔最早引入法国和英国，形成了法、英两系，对世界毛用兔的发展起了积极的推动作用。目前毛用兔遍及世界各地，但主要集中在欧、亚两洲。由于各国的地理环境条件、饲养管理和育种方法不同，形成了各自的安哥拉兔品系，生产性能均较原种有大的提高。各系安哥拉兔除体长稍有区别外,体表都覆盖白色长毛,外形极相似。只有在头型、耳毛多少和额毛、颊毛的分布面积及生产性能上,才表现出各系安哥拉兔的品系特征。现就我国目前饲养的几个安哥拉兔品系介绍如下。

1. 法系安哥拉兔 体型较大,成年兔体重 3.5～4 千克,体长 43～46 厘米,胸围 35～37 厘米。头部偏尖削,面长鼻高,耳大而薄,耳背无长绒毛,俗称"光板",额毛、颊毛和脚毛均为短毛,腹毛亦较短,被毛密度差,枪毛含量较高,不易缠结,毛长为 10～13 厘米,最长达 17.8 厘米,毛质较粗硬。繁殖力强,年繁殖 3～4 胎,每胎 6～8 只,母兔泌乳性能好,对环境适应性较强,耐粗饲性较好,年产毛量 0.4～1 千克。目前优秀母兔年产毛量已达 1.2 千克,有人称其为"新法系"安哥拉兔,以示与原法系相区别。新法系安哥拉兔属于粗毛型,其兔毛适于纺线和作为粗纺原料。相传我国于 19 世纪初引入法系安哥拉兔,但目前原法系安哥拉兔已极少见。1980 年以来,我国引入了一些新法系安哥拉兔,产毛量高,兔毛较粗,枪毛含量高,适应性、耐粗饲性和繁殖性能较强,对改进我国的长毛兔生产性能起到了不可忽视的作用。

2. 英系安哥拉兔 体格结实紧凑,骨骼发育中等,体重 2.5～3 千克,高者 3.5～4 千克,体长 42～45 厘米,胸围 33～35 厘米。英系安哥拉兔头较圆,鼻子缩入,耳短而薄,从耳尖至耳背上端 1/5 处生有缨穗状长绒毛,有的整个耳背长有长绒毛,飘出耳外,甚是美观。其额、颊部也长有长绒毛,四肢及趾间亦密生绒毛。兔毛纤细柔软,绒毛很细,毛长 10～11 厘米,枪毛含量较少,为 1%～3%。绒毛结块率较高,种公兔为 20%～50%,母兔为 5%～10%。毛密度较差,产毛量较低,平均为 0.2～0.3 千克,高者 0.5 千克。繁殖力强,1 年可产

4～5胎,每胎4～5只,高者可达6～8只,最高一胎产15只。体质较弱,抗病力差。目前纯种英系安哥拉兔已极少见,即使在英国也难看到。然而它对我国长毛兔的选育曾起过积极的作用。

3. 德系安哥拉兔　该品系是目前世界上产毛量最高和毛质最好的安哥拉兔品系之一。胸部和背部发育良好,四肢强健,成年兔平均体重3.75～4千克,高者可达5.7千克。头型偏尖削,面部毛着生很不一致,有呈现光脸者,亦有额毛、颊毛丰盛者,但大部分耳背均无长毛,仅耳尖有一撮长毛。四肢、腹部都密生绒毛。德系安哥拉兔的最大特点是被毛密度大,有毛丛结构,毛纤维有波浪形弯曲,毛品质较好,结块率低、约1%,而且产毛量高。据德国种兔测定站测定,成年公兔平均年产毛量为1 190克,最高达1 720克;成年母兔平均年产毛量为1 406克,最高达2 036克。我国引入的德系安哥拉兔平均年产毛量为0.8～1千克,高者达1.6千克。臀部、颈前部绒毛密度较大,每平方厘米达2万根;腹部绒毛较稀,每平方厘米约6 000根。绒毛较粗,平均14.5微米。枪毛含量7%～10%。繁殖力强,每胎产仔6～7只,最高可达12只。平均有乳头4对,多者5对。幼兔生长迅速,1月龄平均体重为0.5～0.6千克,发育良好。但自1978年引入我国以来,年繁殖仅2～3胎,夏、秋季配种不易受胎,一般受胎率较低,仅50%左右。母性较差,死仔率较高,为7%～14%,尤其在断奶前后可高达10%～30%。成年兔在我国饲养情况一般良好,但对饲料要求较高,耐粗饲性和耐热性较差,抗病力较弱,而且遗传性不稳定。充分利用已引进的德系安哥拉兔,并借鉴德国的长毛兔育种经验,对我国毛用兔的改良无疑将起积极的推动作用。

4. 中系安哥拉兔 该品系也叫全耳毛兔,是我国江苏、浙江一带群众用19世纪引入的英、法系安哥拉兔与本地兔杂交、选育而成的地方良种。其类群多,外形差别大。主要特点是:全耳毛、狮子头,整个耳背及耳端密生细长的绒毛,飘出耳外;头宽而短,耳长中等,额毛、颊毛异常丰盛,从侧面看,往往看不到眼睛,从正面看,也只见绒球一团,形似狮子头;趾间及脚底密生绒毛,亦称老虎爪。体型较小,胸部略狭,骨骼较细,皮肤稍厚,成年兔体重为2.5～3.5千克,体长为40～44厘米,胸围仅29～35厘米,体毛柔软,枪毛含量甚少,绒毛较细,被毛结块率较高,一般为15%左右,公兔尤高。成年兔年产毛量一般为0.25～0.35千克,高者可达0.5千克。性成熟早,4月龄就出现性活动。繁殖力强,全年可达3～4胎,每胎7～8只,高者可达11只。母性好,仔兔成活率较高,而且该品系适应性强,较耐粗饲。但体型小、生长慢,产毛量低,体质较弱,有待今后进一步选育提高。

5. 日系安哥拉兔 该品系头呈方形,额部、颊部、两耳外侧及耳尖部均有长绒毛,且额毛有明显的分界线,呈"刘海状"。其体型小于德系安哥拉兔,成年兔体重为3～4千克。全身绒毛比较密而细,细度介于德系与中系安哥拉兔之间,枪毛含量较少,为5%～10%,年平均产毛量为0.5～0.8千克,高者可达1千克。繁殖率高,年繁殖3～4胎,平均每胎产仔9只。母性好,有乳头4～5对,泌乳性能强,在良好的饲养条件下,母兔可自带仔兔6～8只,且生长发育正常。该兔于1979年引入我国,适应性和耐粗饲性能良好。

(二) 獭兔(力克斯兔)

獭兔原产于法国。原名是卡司它·力克斯,法文的意思是海狸·王。因其皮毛平整美观,可与水獭皮毛媲美,故又称"獭"兔和"天鹅绒"兔,是一种优良的皮用兔品种。它是 1919 年法国用普通兔群中出现的一个突变种培育而成的。其被毛特点是密、短、细、平、美和牢。全身密生光亮如丝的短绒毛,平均每平方厘米为 1.4 万~1.8 万根,毛长仅 1.2~1.3 厘米,绒毛平均细度为 16~18 微米,直立而柔软,弹性好,不易脱落,保温性强。被毛上无突出于绒毛之上的枪毛,遗传性稳定,现已育成 20 多种天然色彩美丽的獭兔,如黑色、红棕色、纯白色、黑貂色、青紫蓝色、海豹色、猞猁色、蓝灰色、紫丁香色、巧克力色等。其中以白色、蓝色和棕色最为珍贵。有时还会自然形成漂亮的波纹,更为美丽悦目。各色獭兔一般背部颜色深,体躯两侧由背到腹,颜色逐渐变浅,腹部颜色最浅。体型不大,发育匀称,平均体重 3~3.5 千克,体长 40~46 厘米,胸围 25~33 厘米。头小嘴尖,眼大而圆,耳长中等,直立微倾斜,须、眉细而弯曲,较为清秀,四肢强壮有力,动作灵敏。在 4~5 月龄、体重在 2.5 千克左右时宰杀、剥皮,产肉率较高,皮质亦好。年繁殖 4 胎左右,每胎产仔 6~7 只。

獭兔的主要缺点是,对饲养管理条件要求较高,不适应粗放管理,对疾病抵抗力弱,特别容易感染巴氏杆菌病、球虫病和疥癣病。

由于獭兔的毛皮较名贵,很受国际市场欢迎,群众饲养积极性较高。目前我国浙江、北京、四川、黑龙江等地饲养较多。

(三) 青紫蓝兔

青紫蓝兔原产于法国。是由一位法国育种家用蓝色贝韦伦兔、嘎伦兔和喜马拉雅兔杂交育成,于 1913 年首先在法国展出。为了改进其毛色和波浪花纹,以后又引交了几个其他品种。青紫蓝兔毛色为胡麻色,除夹有全黑和全白的粗毛外,每根毛纤维自基部向上分为深灰色、乳白色、珠灰色、雪白色、黑色等 5 段颜色,其毛色与南美洲的一种珍贵毛皮兽——青紫蓝绒鼠相似,故名青紫蓝兔。这种毛色里白外黑,微风吹动,呈现出一个个漩涡,遍体轮转,甚为美丽。青紫蓝兔外貌匀称,头大小适中,颜面部较长,嘴钝圆,耳长中等、直立而稍向两侧倾斜,眼大而圆,眼球呈茶褐色或蓝色,耳尖及尾背呈黑色,眼圈和尾端为白色,腹部为浅灰色,被毛均匀,体质健壮,四肢粗大。该品种有 3 个不同的类型——标准型、美国型和巨型。标准型青紫蓝兔体型较小,结实而紧凑,耳短而竖立,面圆,成年母兔体重为 2.7～3.6 千克,公兔为 2.5～3.4 千克。美国型青紫蓝兔体长中等,腰臀丰满,成年母兔体重 4.5～5.4 千克,公兔 4.1～5 千克。巨型青紫蓝兔是用弗朗德巨兔杂交育成,体大肉丰,偏于肉用,耳较长,有的一耳竖立、一耳下垂,均有肉髯,成年母兔体重 5.9～7.3 千克,成年公兔为 5.4～6.8 千克,幼兔 3～4 月龄时生长迅速,体重 2 千克左右,屠宰率为 48%,年繁殖 4～5 胎,每胎产仔 7～8 只。该品种不但毛色美丽,而且还具有生长发育快、耐粗饲、适应性好、产肉多、肉味鲜美、皮板厚实等优点。该品种繁殖力和泌乳力都较好,仔兔初生重约 45 克,高者 55 克,40 天断奶重为 0.9～1 千克,90 天体重为 2.2～2.3 千克。

　　青紫蓝兔引入我国已有半个多世纪,经过长期的风土驯化和精心选育,已与原产地品种有一定的变异,但仍保持了原品种的某些主要优点。同时,具有适应我国气候条件的特性,深受群众欢迎,目前分布较广,尤其在北方,如北京、山东等地饲养较多。

（四）中国白兔

中国白兔是我国劳动人民长期培育而成的一个优良品种，饲养历史悠久，遍及全国各地。中国白兔以产肉为主，故称菜兔，也称中国本兔。毛色纯白，眼珠为红色，体型较小，结构紧凑，头型清秀，耳短小直立，嘴尖颈短，被毛短密。成年兔体重1.5～2.5千克，体长35～40厘米，臀部发育良好。成年兔屠宰率为50%以上，肉质鲜美。繁殖力强，母性好，1年可生6胎，每胎产仔8～9只，多者可达15只。初生仔兔平均体重为40克。母兔性情温顺，哺乳力很强，仔兔成活率高。

该品种具有繁殖力高、适应性好和抗病力强等优点，是理想的育种材料。但是，中国白兔体型小，生长缓慢，5月龄体重仅1.7～2千克，今后仍应以提高产肉性能为重点，大力开展中国白兔的选育工作。

（五）日本大耳兔

日本大耳兔原产于日本。据说是利用中国白兔和日本本地兔杂交选育而成。该品种头大、额宽、面平，被毛紧密，毛色纯白，眼珠红色。两耳较大，向后直立，耳根细、耳端尖，形似柳叶状。颈粗壮，母兔颌下有肉髯，体质健壮，平均体重4～5千克，体长约44.5厘米，胸围33.5厘米。生长快，成熟早，2月龄体重约1.4千克，4月龄体重2.5～3千克，7月龄体重约4千克，成年兔体重一般为5千克，生长良好者可达6.5千克。繁殖力强，1年可产4～5胎，每胎产仔8～10只，仔兔初生体重平均为60克，而且母兔泌乳量大，母性好。屠宰率为44%～47%，肉质较佳，兔皮张幅大，被毛浓密柔软，板质良好，是优良的皮肉兼用兔。另外，日本大耳兔由于具有耳大皮白、血管清晰等特点,是理想的实验动物。该品种适应性较强,耐寒,耐粗饲,我国各地都有饲养。

(六) 新西兰兔

新西兰兔原产于美国,是利用弗朗德兔和美国白兔等品种杂交培育而成。它是近代养兔业中重要的肉用品种之一,有白色、红黄色和黑色 3 个变种,其中以白色最为著名。新西兰白兔体型中等,头圆额宽,两耳短小直立,眼球呈粉红色,腰和肋部丰满,后躯发达,臀圆,四肢强壮有力。早期生长发育快,40 日龄断奶重为 1～1.2 千克,90 日龄体重可达 2.5 千克左右。成年母兔体重 4.5～5.4 千克,成年公兔为 4.1～5 千克。屠宰率为 50%～55%,肉质细嫩,肉用性能良好,但毛皮品质稍差。繁殖力强,年产 5 胎以上,每胎产仔 7～9 只,而且性情温顺,容易管理。

新西兰兔在世界各地广为饲养,尤其在美国,普遍把它作为肉用兔和实验用兔饲养。该品种 1949 年前曾引入我国,近年又引进数批。据反映适应性和抗病力都很强,耐粗饲,饲料利用率也较高。

(七) 加利福尼亚兔

该品种原产于美国加利福尼亚州,先用喜马拉雅兔和青紫蓝兔杂交,产生具有青紫蓝毛色的杂种,从中选出公兔再与白色新西兰母兔交配而育成。其外貌特征:体躯被毛为白色,耳尖、鼻端、四肢及尾部为黑褐色,俗称八点黑。仔兔在哺乳期被毛均为白色,八点部位的毛色为浅灰色,到第一次换毛结束后,才逐渐变深至黑色。该品种红眼珠,颈粗短,耳小,体型中等,绒毛厚密,秀丽美观,胸、肩和后躯发育良好,肌肉丰满。

成年兔体长 44～46 厘米,胸围 35～37 厘米。公兔体重为 3.6～4.5 千克,母兔体重为 3.9～4.8 千克。早期生长快,2 月龄体重达 1.8～2 千克,屠宰率 52%,肉质鲜嫩,在美国肉用兔中仅次于新西兰兔。该品种生活力强,性情温顺,最为突出的是哺乳力强,40 天断奶重一般为 1～1.2 千克。一般年产 4～5 胎,每胎产仔 6～8 只,产仔数稳定,仔兔发育较均匀。遗传性较稳定,目前国外多用它与新西兰兔杂交,其杂种后代生后 56 天体重可达 1.7～1.8 千克。我国引进该品种也表现了早期生长发育快、适应性和抗病力较强等优点,是改良本地肉用兔性能较好的育种材料。

(八) 德国花巨兔

花巨兔原产于德国,是德国著名的大型皮肉兼用品种。由比利时兔和弗朗德巨兔等品种杂交育成。主要特征是:体躯被毛为白色,惟黑鼻、黑嘴环、黑眼圈及黑耳朵。另外,从颈部至尾根沿背脊有黑色长斑条,体侧两边有对称的蝶状黑色斑块,甚为美观,人称熊猫兔。体格健壮,体型高大,体躯稍长、呈弓形,骨骼较粗重,腹部离地面较高,成年兔体长为50～60 厘米,胸围为 30～35 厘米,平均体重为 5～6 千克。该品种性情活泼,行动敏捷,善跳跃。繁殖力强,每胎平均产仔 11～12 只,最高达 17～19 只。初生仔兔平均体重 75 克,早期生长发育较快,40 天断奶体重为 1.1～1.25 千克,90 天体重为2.5～2.7 千克。该品种抗病力较强,但产仔数和毛色遗传不够稳定,哺乳能力不够好,母性不强。

德国花巨兔自 1910 年输入美国后,又培育出与原来花巨兔有明显区别的黑色和蓝色两种花巨兔。1976 年我国从丹麦引进该品种,在北方地区饲养较多,一般反映该品种对饲养管理条件要求较高。

（九）公羊兔

公羊兔又名垂耳兔。该品种已有近百年的历史,育成后分布于各地,由于各地选育方法不同,体型上发生很大变化,可分为法系、英系、德系。其外貌特征是:两耳特别长,而且下垂。由于它的头型酷似公羊,故称公羊兔。其毛色有白、黑、棕、黄等。该品种体质疏松肥大,中型兔体重为6～8千克,大型兔体重为10～11千克,一般体重至少在5千克以上。头粗糙,眼小,颈短,背腰宽,臀圆骨粗,性情温顺,反应迟钝,不爱活动。每胎产仔7～8只,初生仔兔体重一般为80克,高者100克。早期生长发育快,40天断奶体重可达2.5千克。该品种最初是作为大型肉用品种进行育种的,目前国外一些养兔工作者将其列为观赏品种。

我国自1975年后陆续引入几批中型法系公羊兔,毛色为棕褐色,分布于南京、北京、河北、上海、四川及黑龙江等地。饲养者们认为,该品种体型大,生长发育快,抗病力强,耐粗饲,性情温顺,易于饲养,但受胎率低,哺乳能力不强,纯种繁殖效果较差,且易患脚皮炎。

（十）比利时兔

比利时兔原产于比利时弗朗德勒地区,为大型肉用品种。该品种毛色很像野兔,被毛深红带黄褐或深褐色。体质结实健壮,头型似马头,颊部突出,脑门宽圆,鼻梁隆起,颈粗短,肉髯不发达,黑眼珠,两耳较长,耳尖有光亮的黑色毛边,尾部内侧亦为黑色。体躯较长,腹部离地面较高,四肢粗壮,被誉为"竞走马",俗称马兔。成年兔体重一般为5.5～6千克,生长发育快,90 日龄体重可达 2.8～3.2 千克。繁殖性能良好,年产 4～5 胎,每胎产仔 7～8 只,且泌乳力高,适应性强,耐粗饲,肌肉丰满,屠宰率为 52%～55%,是优秀的肉用型品种。引入我国的比利时兔主要分布在河北、山东、辽宁等地饲养,反映良好。该品种与加利福尼亚兔杂交,90 日龄体重可比母本提高 28.1%。

(十一) 哈 白 兔

哈白兔是中国农业科学院哈尔滨兽医研究所运用杂交育种原理,经十多年选育而成的一种大型肉用兔。该项目 1986 年 5 月通过技术鉴定,1988 年获农业部科技进步二等奖。

哈白兔是哈尔滨大白兔的简称,是以比利时兔为父本,哈尔滨本地白兔和上海大耳兔为母本,所产白色杂种母兔,再用德国花巨兔公兔进行杂交,选留其中白色后代,经横交固定而成。

该品种头型大小适中,耳大直立,眼大有神,肌肉丰满,被毛洁白,四肢强健,结构匀称,体质结实,耐粗饲,适应性强。成年兔体重平均 6.25 千克,体长约 58 厘米,胸围 39 厘米。

繁殖性能良好,一次性配种受胎率 71%;胎均产仔 10.5 只,其中活仔 8.83 只;初生只平均重 55 克,留养 6 只,42 天断奶成活 5.7 只,只平均重 1 130 克。30 日龄体重 0.67 千克,60 日龄 1.89 千克,90 日龄 2.76 千克,180 日龄 4.76 千克,330 日龄 6.27 千克。据 36 只(公母各半)45～90 日龄兔饲养试验测定结果,饲料报酬为 1：3.1～4;屠宰率半净膛为 57.5%,全净膛为 53.5%。

据不完全统计,已推广 4 万多只种兔,遍布东北、华北各省、自治区,江苏、四川、新疆等地引种的也不少。各有关院校科研单位及国营种兔场试验证明,生产性能基本不相上下。但农村哈白兔饲养户,因条件所限大多达不到上述生产指标。

(十二) 太行山兔

太行山兔亦称虎皮黄兔。产于太行山中部井陉及威州一带,由太行山区虎皮黄兔选育课题组选育而成,是 1985 年通过品种鉴定的中型优良皮肉兼用新品种。

该品种头型清秀,脑门宽圆,两耳直立。体型中等呈长方形,体质紧凑结实,背腰宽平,后躯发育良好。母兔有肉髯。毛色分 R 系与 B 系。R 系:每根毛纤维分有 3 段颜色,毛基部为白色、中部为黄色、毛尖为棕红色;眼圈为白色或半白色,眼球与触须为棕褐色。B 系:被毛中夹杂着黑毛纤维,即根白、中黄、尖黑,在背部、后躯部、两耳上缘及鼻端黑毛尖较多,呈黑色;眼球与触须为黑色。该两系在幼兔时期毛梢颜色均不明显,但随日龄增长而加深。初生仔兔平均个体重 55～60克,断奶个体重 800 克,4 月龄体重 3 千克,成年体重 3.5～4千克。在较好的饲养管理条件下,成年体重可达 5～6 千克。体长 40～50 厘米,胸围 32～40 厘米。3～4 月龄性成熟,繁殖力较强,年可繁殖 5～7 胎,平均每胎产仔数 7.5 只以上。母兔乳头排列整齐,一般为 4 对。仔兔的断奶成活率为85%～92%。成年兔屠宰率可达 53.3%。

该品种产肉性能高,皮板和被毛质量好,颜色漂亮,且遗传性能稳定。其最大特点是适应性与抗病力强,耐粗饲。

(十三) 塞 北 兔

塞北兔是由张家口农业专科学校利用法系公羊兔与费朗德兔杂交选育而成的大型肉皮兼用品种。现饲养量达 100 多万只,主要分布于河北、内蒙古和东北及西北等地。

该品种体型呈长方形,体质结实,被毛以黄褐色为主,亦有纯白色的,极少数为米黄色。头大小适中,下颌宽大,嘴方,鼻梁有一黑线。耳宽大,一耳直立,一耳下垂。颈粗短,颈下有肉髯。四肢粗短,体躯匀称,肌肉丰满,发育良好。体型大,生长快。仔兔初生重 60～70 克,30 日龄断奶体重可达 650～1 000 克,在一般饲养管理条件下,2～4 月龄平均增重达0.75～1.15千克。成年体重平均为 5～6.5 千克,高者可达7.5～8 千克。繁殖力强,4～5 月龄性成熟,每胎产仔 7～8只,高者可达 15～16 只。

该品种耐粗饲,适应性强,性清温顺,容易管理,且抗病力强,较少发病。

(十四) 齐卡(ZIKA)兔

齐卡配套系肉兔系由齐卡巨型白兔(G)、齐卡大型新西兰白兔(N)和齐卡白兔(Z)组成。是由德国著名家兔育种家齐默曼博士等,经过多年的研究选育成功的。其生产性能达到世界水平的肉兔专门化配套体系。

1. 配套系组成品种的外貌特征和生产性能

齐卡巨型白兔(G)　全身被毛纯白而浓密,红眼珠,两耳长而竖立,头粗壮,额宽,体躯大而丰满,背腰平直。成年兔平均体重 7 千克。年产仔 3～4 胎,每胎产仔 6～10 只,初生只重 70～80 克。35 日龄断奶重 1 000 克以上;90 日龄个体重2.7～3.4 千克,日增重 35～40 克。

齐卡大型新西兰白兔(N)　全身被毛洁白,红眼珠,两耳短而宽厚、直立,头短圆而粗壮,体躯丰满,背腰平直,臀圆,呈典型的肉用砖块形。成年兔平均体重 5 千克。年产仔 5～6

胎,每胎产仔 7～8 只,最高 15 只,初生只重 60 克左右。35 日龄断奶重 700～800 克;90 日龄个体重 2.3～2.6 千克,日增重 30 克以上。

齐卡白兔(Z) 被毛纯白,红眼珠,头清秀,两耳薄而直立,体躯紧凑。其最大的特点是:繁殖力强,母性好,幼兔成活率高,抗病力强,耐粗饲。成年兔平均体重 3.5～4 千克。年产多胎,每胎产仔 7～10 只,初生只重 60 克以上,断奶个体重 800 克左右;90 日龄个体重 2.1～2.4 千克,日增重 26 克以上。

1986 年,齐卡配套系肉兔由四川省畜牧兽医研究所从德国首批引入我国。经过 4 年的研究培育,其核心群逐步扩大,产仔数、成年兔体重等均达到或接近原种水平。先后向省内外提供种兔 6 400 多只,配套生产和推广商品肉兔 54 万余只,取得了显著的社会效益和经济效益。1992 年该品种已通过农业部畜牧兽医司鉴定验收。

2. 父母代与商品代的生产性能表现 1995 年,四川郫县旺达兔业有限责任公司孟骏先生又从德国引进了第二批齐卡原种兔。按照齐默曼博士设计的生产模式进行了生产和繁育观察。其父母代与商品代生产性能表现如下。

(1)父母代

G×N 的后代 GN,30 日龄断奶个体重1 000±50 克;70 日龄个体重 2 100±30 克;90 日龄个体重 2 950±30 克;成年兔体重 4 800±50 克。

Z(公)×N(母)的后代 ZN,30 日龄断奶个体重 850±50 克;70 日龄个体重 2 000±30 克;90 日龄个体重 2 600±30 克;成年兔体重 4 100±10 克。

父母代年产 7～8 胎,每胎产仔 8 只以上。肉料比为

1：2.9。

（2）商品代

GN（公）×ZN（母）的后代，30 日龄断奶个体重 1 200±200 克；70 日龄个体重 2 200±100 克。肉料比为 1：2.7。

ZN（公）×GN（母）的后代，30 日龄断奶个体重 1 200±30 克；70 日龄体重 2 000±50 克。肉料比为 1：2.8～3.1。

ZN（公）×NZ（母）的后代，30 日龄断奶个体重 900±60 克；70 日龄体重 1 800±20 克。

以上 3 种商品代杂交组合，以第一种组合最为理想，第二种次之，第三种较差。

第四章　家兔的遗传育种

家兔的遗传育种,就是根据遗传规律,通过系统的选种选配和繁育方法,固定优良性状,排除不良性状,培育生产性能高、繁殖力强、适应性好、抗病力强、遗传性能稳定、杂交效果好的品种或品系。

一、遗传和变异的基本概念

遗传和变异是生物的基本特征之一。遗传就是指子代与亲代有相似的表现。变异就是指子代与亲代之间有不相似的表现。

生物的性状变异多种多样。例如,各种家兔的体型大小,毛色变化,产毛、产肉性能都各不相同。但是,这些变异概括起来,大致可以分为遗传的变异和不遗传的变异。遗传变异就是指变异发生后能够遗传下去,继续在后代中重新出现。不遗传的变异就是指家兔在不同环境条件下产生的变异,一般只表现于当代,不能遗传下去。据美国 P・R・奇克(Cheeke)主编的《养兔生产》一书报道,一般与繁殖力相关的性状遗传力较低(低于 0.15),而家兔的生长速度和屠体品质的遗传力较高。

(一) 遗传的物质基础

人们很早就已证实,遗传的物质基础主要存在于细胞核中,由脱氧核糖核酸(DNA)组成的染色体是细胞内最大的遗传单位。在遗传学上，通常把 DNA 分子上特异的碱基顺序称为基因。基因能发生交换，出现重组体；能发生突变，出现突变体；能形成密码子，通过转录后制造氨基酸和蛋白质；还能构成操纵子，起调节控制代谢和发育的作用。因此，DNA 蕴藏着大量的遗传信息。基因是控制性状遗传和变异的基本功能单位。

（二）遗传的基本规律

1. 独立分离规律　独立分离规律就是指控制相对性状的相对基因在配子形成时，互不干扰地独立分离到各个配子中去。例如，黑色公兔与白色母兔杂交，结果杂种第一代（F_1）只表现为双亲一方的性状，即全部为黑色。当 F_1 自交时，杂种第二代（F_2）大部分为黑色，少数个体为白色，其数量比例为 $3:1$。在遗传学上，把 F_1 表现的黑色性状称为显性性状，未表现的白色性状称为隐性性状。把 F_2 既表现白色，又表现出黑色的性状称为性状分离。这种遗传和变异现象就是独立分离规律作用的结果。

2. 自由组合规律　自由组合规律就是指两对或两对以上的相对性状在配子形成时，是互不干扰、独立分离的，而基因的相互结合又是自由的、随机的。例如，白色长毛兔与灰色短毛兔杂交，F_1 表现为白色长毛；F_2 表现为白色长毛、白色短毛、灰色长毛、灰色短毛性状的分离比例为 $9:3:3:1$。

如果有 3 对相对性状的两个品种进行杂交，则 F_2 表现为 $(3:1)^3$ 的分离比例；有 4 对相对性状，则为 $(3:1)^4$ 的分离比例。如果有 n 对相对性状，则为 $(3:1)^n$ 的分离比例，也就是说，随着两个杂交亲本相对性状数目的增加，F_2 的性状分离也就更为复杂。

3. 连锁互换规律 在实际生产中往往会碰到这种情况：当两对或更多的非等位基因配对时,形成的频率大于独立分离规律的预期数。这就意味着每对同源染色体上本来就载着许许多多的等位基因,同一染色体上的基因群在形成配子时,随着染色体一同进入配子而遗传给下一代,这就是连锁遗传。但在细胞分裂的双线期,同源染色体的成员之间往往会发生交叉现象,到了偶线期联合时两条染色体发生了局部交换。因此,在形成配子时,由于染色体的交换而出现了新类型的配子,这就是互换。

在家兔的杂交改良中,经常可以看到两种性状的遗传是相依不分、同时遗传的,当改变某一性状时,往往另一性状也得到相应的改变。在测交时,也可发现后代中出现的表现型,表现亲本偏多,说明有连锁遗传;出现的新组合性状虽然偏少,但有一定比例存在,说明有基因交换。这种连锁交换情况发生在减数分裂的双线期,在显微镜下可直接观察到同源染色体两两分裂出现的交叉现象,这就是连锁互换的结果。

二、选种和选配

(一) 选　种

选种,简单说来,就是根据家兔的育种目的,把高产优质、适应性强、饲料报酬高、遗传性稳定、外貌特征符合育种要求的公母兔选择作为繁殖后代的种兔,同时把品质不好或较差的个体加以淘汰。所以,选种是提高兔群生产力和改良品种的一项有效措施。

1. 选种的依据

(1)体质外貌鉴定　家兔的体质和外貌与生产力有一定的关系,是家兔生长发育、健康状况的标志,所以是选种的基本内容之一。

①体质　基本上可分为4种类型,即结实型、细致型、粗糙型和疏松型。

毛用兔主要产品是兔毛,所以过于粗糙、细致或疏松的体质都不适宜。结实型或细致结实型体质最好。

肉用兔主要是提供兔肉,所以要求头型较小,体躯紧凑,背腰平直宽广,后躯发育良好。粗糙结实型和细致结实型体质最理想。

皮用兔的主要产品是兔皮,所以粗糙、细致或疏松型的体质都不适宜,以结实型体质为好。

②外貌　可以初步判定家兔的品种纯度、健康状况、生长发育和生产性能。通常鉴定的部位和要求如下。

头部:根据头部形状,大致可以说明兔的体质类型。大头一般为粗糙型,小头、清秀为细致型,头型大小与身体各部位比例相称为结实型。家兔要求眼大、明亮,眼珠颜色应符合品种要求,如白色长毛兔眼珠为粉红色,青紫蓝兔为茶褐色,中国白兔为红色。耳朵大小和形状是家兔的品种特征之一,如中国白兔耳短厚而直立,日本大耳兔耳长似柳叶。一般要求两耳应竖立高举,一耳或两耳下垂是不健康的表现,或是遗传上的缺陷。

体躯:要求肌肉丰满,发育良好,胸部宽深,背腰平直,臀部宽圆。达到种用体况的鉴别标准是:

一类膘,用手抚摸腰部脊椎骨,无算盘珠状的颗粒凸出,双背脊为八九成膘。过肥则暂不宜作为种用。

二类膘,用手抚摸腰部脊椎骨,无明显颗粒状凸出,用手抓起颈背部皮肤,兔子使劲挣扎,说明体质健壮,一般为七八成膘,是最适宜的种用体况。

三类膘,用手抚摸脊椎骨,有算盘珠状的颗粒凸出,手抓颈背部,皮肤松弛,挣扎无力,一般为五六成膘,需加强饲养管理后方能作为种用。

四类膘,全身皮包骨头,手摸脊椎骨有明显算盘珠状的颗粒凸出,手抓颈背部无力挣扎,一般为三四成膘。这种兔不能作为种用,应酌情淘汰。

四肢:四肢应强壮有力,肌肉发达。行走时观察前肢有无划水现象,后肢有无瘫痪症状。趾爪弯曲度和色泽变化可以作为判断家兔年龄的依据。

被毛:所有家兔均应被毛浓密、柔软,富有弹性和光泽,毛色应符合品种特征。长毛兔的被毛应洁白、光亮、松软、无结块,细毛含量高,粗毛含量低,被毛密度大。测定兔毛密度的方法,一般是在兔的背部或体侧,用嘴向逆毛方向吹开毛被,形成漩涡中心,根据露出皮肤面积的大小进行评定。最好的密度为漩涡中心看不到皮肤,或不超过4平方毫米;不超过8平方毫米为良好;不超过12平方毫米为合格。

③体重　肉用兔、兼用兔要求体重愈大愈好。体大,表明生长发育良好,产肉性能高。长毛兔的体重应符合该品种的一定标准。例如,在我国中等饲养水平下的成年兔,德系安哥拉兔应为3～4千克,全耳毛兔为2.5～3千克。如果达不到最低体重标准,表明生长发育不良,不能留作种用。

④其他　公兔要求睾丸大而匀称,性欲旺盛;隐睾、单睾都不能留作种用。母兔要求母性好,产仔率高,乳头4～5对,外阴部洁净、无粪尿污染或溃烂斑。有产前不拉毛营巢,产后

不肯哺乳,甚至有吃食仔兔恶癖的母兔都应淘汰。

（2）分级评分标准

①毛用兔　通常是在大群长毛兔进行生产性能和体尺测量的基础上,根据体尺、体重及产毛性能制定出各种品系和类群的分级标准(表 4-1,4-2)。

表 4-1　浙江省长毛兔良种分级标准

等 级	成年兔		8月龄兔				6月龄兔				4月龄兔		2月龄兔	
	年产毛量（克）	产毛率（%）	产毛量（克）	体重（千克）	体长（厘米）	胸围（厘米）	产毛量（克）	体重（千克）	体长（厘米）	胸围（厘米）	产毛量（克）	体重（千克）	产毛量（克）	体重（千克）
特　级	750	20.0	315	4.0	39	33	200	3.5	35	32	105	2.5	35	1.5
一　级	600	17.5	265	3.5	37	31	170	3.0	33	30	90	2.25	20	1.25
二　级	500	15.0	230	3.25	36	30	150	2.75	32	29	80	2.15	—	—
三　级	400	12.5	195	3.0	35	29	130	2.5	31	28	70	2.0	—	—

表 4-2　浙江省各类良种兔的分级标准

	项　　目	特　级	一　级	二　级	三　级
本地良种兔	年产毛量（克）	750	600	500	450
	产毛率（%）	20	17.5	15	14
	块毛率（%）	4	5	7	10
	体重（千克）	4	3.5	3.25	3
	体长（厘米）	44	42	41	40
	胸围（厘米）	33	31	30	30

等级		特级	一级	二级	三级
德系长毛兔	年产毛量（克）	1000	900	800	700
	产毛率（%）	25	23	20	18
	块毛率（%）	1	2	3	5
	体重（千克）	4	3.75	3.5	3.25
	体长（厘米）	44	42	41	40
	胸围（厘米）	33	31	30	30
德×本杂种兔	年产毛量（克）	800	750	650	500
	产毛率（%）	23	20	18	15
	块毛率（%）	3	5	6	7
	体重（千克）	4	3.5	3.25	3
	体长（厘米）	44	42	41	40
	胸围（厘米）	33	31	30	29

②皮用兔 英、美、德等国根据獭兔的被毛、色泽、体型、四肢及健康状况制定了獭兔评分标准（表 4-3）。

表 4-3 獭兔评分标准

国别	品种	毛色	被毛	体型	四肢	眼睛	耳朵	体重	健康状态	合计
英	海狸獭兔	25	40	12	11	7	5	—	—	100
	青紫蓝獭兔	35	30	5	5	5	5	—	15	100
	哈瓦那獭兔	25	30	25	5	5	5	5	—	100
美	獭兔	20	50			2	3	10	10	100
德	獭兔	20	40	20	5	—	—	5	10	100

2. 选种的方法

(1)个体选择　主要根据家兔本身的质量性状或数量性状在一个兔群内个体表型值的差异,选择优秀个体,淘汰低劣个体。这种方法适用于一些遗传力高的性状选择,因为遗传力高的性状,在兔群中个体间表现型的差异明显。因此,选出表现型好的个体,就能比较准确地选出遗传上优秀的个体。例如,70日龄前的生长速度和饲料报酬,这两个性状的遗传力都在0.4以上,采用个体选择法就能获得较好的选择效果。

对各种不同用途的家兔,进行个体选择时应有不同的重点要求。

①毛用兔　主要评定产毛量、兔毛质量、生长速度和体质情况。

②肉用兔　主要评定生长速度、体型大小、肥育性能、屠宰率、肉的品质和饲料报酬。

③皮用兔　主要评定毛皮质量、体型大小、生长速度和体质情况。

④兼用兔　既要评定产肉性能,又要考虑毛皮质量。因此,要具有肉用兔和皮用兔之间的特殊体型,评定生长速度、体型大小、产肉性能、肉质好坏和毛皮品质。

(2)家系选择　主要根据系谱选择,同胞、半同胞测验或后裔鉴定来选择种兔。这种方法适用于一些遗传力低的性状选择,如繁殖力、泌乳力和成活率等。因为遗传力低的性状,其表现型的好坏,受环境因素的影响较大,如果只根据个体选择,准确性较差,而用家系选择法则能比较正确地反映家系的基因型,所以选择效果比较好。

①系谱选择　系谱是记载家兔祖先情况的一种资料表格。系谱选择就是根据系谱记载资料,如生产性能、生长发育

等,进行分析评定的一种选择方法。根据遗传规律,对子代品质影响最大的首先是亲代(父母),其次是祖代、曾祖代。祖先愈远,影响愈小。因此,应用系谱选择时,只要推算到2～3代就够了。但在2～3代以内必须有正确而完善的生产记录,才能保证选择的正确性。

②同胞、半同胞测验　采用同胞、半同胞测验进行家系选择所需的时间短、效果好。因为家兔的利用年限短,采用同胞、半同胞测验的选择方法,在较短时间内就可得出结果,优秀的种兔就可留种繁殖,所以能够缩短世代间隔,加速育种进程。进行同胞、半同胞测验时,遗传力愈低的性状,同胞、半同胞数愈多,则测定效果愈好。

③后裔鉴定　这是通过对大量后代性能的评定而判断种兔遗传性能的一种选择方法。一般多用于公兔,因为公兔的后代数量、育种影响都大于母兔。具体做法是:选择一批外形、生产性能、繁殖性能、系谱结构基本一致的母兔,饲养在相同的饲养管理条件下,每只公兔至少选配10～20只母兔,然后根据后代生长发育、饲料报酬、皮毛品质等性能进行综合评定。

(3)多性状选择　在实际育种工作中,为了使种兔的几个主要性状,如毛用兔的产毛量、兔毛品质、生长发育,肉用兔的产肉力、繁殖力、生活力,都能符合理想型要求,通常采用多性状选择法。大体上可分为3种。

①顺序选择法　就是先把所要选择的性状,按先后排列成一定的次序,然后一个一个地依次进行选择,在第一个性状达到理想要求后,再选择另一个性状。这种方法适用于选择呈正相关的性状,如果所选性状呈负相关时,往往会出现此升彼降现象。

②独立淘汰法 当同时选择几个性状时,先对所选每一个性状规定出最低标准,当各个性状都达到最低标准时就留种,其中某一性状达不到标准时就淘汰。这种方法能比较全面地照顾各种性状,但容易淘汰掉某些性状优秀的家兔个体。

③指数选择法 选择时根据各个性状在经济上的重要程度,分别规定评定分数,然后选总分最高的个体作为种兔。

另外,值得指出的是,江苏、浙江地区普遍开展的赛兔会,是一种群众性的选种、改良工作方法。这是在群众性选种工作的基础上,通过最优秀个体之间的竞赛,发掘良种资源,推广优良品种。具体办法是:

第一,采用现场竞赛,以表型值作为竞赛依据,以生产性能作为竞赛的主要项目。一般用记分法评比,在体况要求符合种用条件的前提下,确定年产毛量(单次产毛量×5)、产毛率(年产毛量/体重)、毛质(主要指松毛率)的实际数值,这些实际数值与理想型数值之比再乘以单项得分比例,即为评奖得分的依据。

第二,统一赛兔日期、统一编耳号、统一剪毛时间(养毛期一般为73天或90天)。并要根据各地具体情况,确定赛兔类型,进行分品系、分类群、分公母的竞赛。

第三,制定和公布参赛兔的最低标准,内容包括生产性能、体尺、健康状况和年龄范围等。对个别项目突出优秀者,也可适当降低其他项目的标准。

第四,制定各项竞赛记分法。可先确定各项生产性能的理想型标准和分配分数,然后根据各个项目的实际成绩用公式算出总分,最后以累计总分高低决定名次(表4-4)。

表 4-4 　浙江省毛用兔赛兔会的竞赛评分计算法

项　　目	理　想　型		单 项 得 分 计 算 方 法
	标 准 值	得分比例	
年产毛量	1 500 克	60	$得分=\dfrac{实际年产毛量（克）}{1\,500（克）}\times 60$
产 毛 率	35%	20	$得分=\dfrac{实际产毛率（\%）}{35\%}\times 20$
松 毛 率	98%	20	$得分=\dfrac{实际松毛率（\%）}{98\%}\times 20$

（二）选　配

选配是选种的继续。选配的实质就是有意识、有计划地决定公母兔配对繁殖，组合后代的遗传基础。目的在于获得变异和巩固遗传特性，以便逐代提高兔群品质。选配方法可以分为同质选配、异质选配、年龄选配和亲缘选配等。

1. 同质选配　就是选择性状相同或生产性能表现一致的优秀公母兔进行交配，目的是为了把优良性状在后代中得以保持和巩固，使优秀个体数量增加，群体品质得到提高。例如，为了提高长毛兔的兔毛密度，就应选择毛密度性能好的公母兔交配，使所选性状的遗传性能稳定下来。但是，值得注意的是，实行同质选配既然能使优良品质在后代中得以稳定，也会使不良品质或缺陷在后代中得到巩固，所以不能选择具有同样缺点（包括体质、外形和生产性能）的公母兔进行交配。

2. 异质选配　有两种情况：一种是选择具有不同优良性状的公母兔交配，目的是将两个优良性状结合在一起，获得兼有双亲不同优点的后代。如肉用兔中，选择产肉性状高的公兔与产仔性能好的母兔交配。另一种是选择同一性状但优劣程度不同的公母兔交配，目的是以优改劣，丰富遗传性，提高后代的生产性能。例如,浙江所产的全耳毛兔,耳毛丰盛,头毛较差,而江苏所产的全耳毛兔则头毛丰盛,耳毛较差。用这两种全耳毛兔交配所产生的后代,不仅耳毛、颊毛丰盛,而且生活力较强。因此,为了打破兔群的停滞状态,综合双亲的优良品质或矫正兔群的不良品质,可采用异质选配的方法。

3. 年龄选配 就是根据交配双方的年龄进行选配的一种方法。因为年龄与家兔的遗传稳定性有关,同一只家兔,随着年龄的不同,所生后代品质也往往不同。因此,家兔的交配,应以年龄的不同而进行选配。

实践证明,壮年公母兔交配所生后代,生活力和生产力较高,遗传性能比较稳定。因此,年龄选配的原则是:

壮年公兔×壮年母兔

壮年公兔×青年母兔

壮年公兔×老年母兔

青年公兔×壮年母兔

老年公兔×壮年母兔

在生产实践中,为了提高后代的生产性能和生活力,年龄选配中应严禁采用以下选配方式。

青年公兔×老年母兔

老年公兔×青年母兔

青年公兔×青年母兔

老年公兔×老年母兔

4. 亲缘选配 就是考虑家兔交配双方有无亲缘关系。如交配双方有亲缘关系,称为亲缘选配。如交配双方无亲缘关系,则为非亲缘选配。一般认为 7 代以内有亲缘关系的选配,为亲缘选配;而 7 代以外的亲缘关系,因祖先对后代的影响极为微弱,可以称为非亲缘选配。

（1）亲缘程度的计算　家兔的亲缘程度主要由与配公母兔之间的亲缘关系决定的。例如，父—女、母—子或同胞兄妹间的交配，因为亲缘关系近，所以亲交程度高；而曾祖代—曾孙代或远堂兄妹间的交配，因为亲缘关系远，所以亲交程度低。亲缘程度的高低，通常可用近交系数（F_x）来估测。

嫡亲交配：$F_x = 0.250 \sim 0.125$

近亲交配：$F_x = 0.125 \sim 0.031$

中亲交配：$F_x = 0.031 \sim 0.008$

远亲交配：$F_x = 0.008 \sim 0.002$

（2）近交的衰退现象　近交衰退是对近交后产生各种不良现象的总称，包括生长发育缓慢、繁殖力和生产性能下降、抗病力和存活率降低、畸形兔出现、死亡率增加等。据报道，在家兔繁育中，近交系数增加 10%，就会使每窝断奶仔兔数减少 0.37 只。尤以不恰当的近交对家兔繁殖性能的危害最为突出（表 4-5）。

表 4-5　不同亲缘程度对家兔繁殖性能的影响

近交系数	母兔受胎率（%）	产仔数（只）	死胎率（%）	初生重（克）
0.375	90.0	7.8	5.7	66.4
0.250	93.3	8.8	3.2	68.3
远　交	100.0	9.0	2.2	69.0

近交引起的畸形缺陷，目前在家兔中常见的主要有隐睾、牛眼、八字腿和下颌颌突畸形。

（3）防止近交衰退　近交有害，所以一般应避免采用。在亲缘选配中为防止近交衰退现象，通常可采取以下措施。

第一，加强育种计划。在育种过程中，除为迅速巩固某些优良性能，允许采用亲缘选配外，必须严格控制使用。在种兔群内,最好以公兔为中心,建立一些亲缘关系较远的"系",以后可以有计划地利用这些"系"间交配,以避免不恰当的亲交。

第二,建立严格的淘汰制度。近交很容易使遗传上的缺陷暴露出来,在表型上表现为品质低劣,甚至出现畸形。所以应严格淘汰品质不良的隐性纯合子,一定要选择体格健壮、性能优良的公母兔留作种用。

第三,加强饲养管理。近交后代遗传性比较稳定,种用价值也可能较高,但生活力较差,表现为对饲养管理条件要求较高。如能满足要求,就可暂时不表现或少表现近交衰退影响,所以对近交后代必须加强饲养管理。

第四,保持一定数量的基础群。为了避免不必要的亲缘选配,在种兔场内必须保持有一定数量的基础群,尤其是公兔数量。一般种兔场至少应有 10 只左右的种公兔,而且应保持有较远的亲缘关系。必要时还可输入同品种、同类型而无亲缘关系的公母兔进行血液更新,来丰富种兔场的遗传结构。

三、繁育方法

(一) 纯 种 繁 育

纯种繁育简称为纯繁,又称本品种选育。一般就是指同一品种内进行的繁殖和选育,其目的是为了保持该品种所固有的优点,并且增加品种内优秀家兔的数量。

我国已经从国外引进了不少优良兔种,如德系长毛兔、日本大耳兔、德国花巨兔等,为了保持这些外来品种的优良性能和扩大兔群的数量,必须采用纯种繁育。再如,我国江苏、浙江一带劳动人民选育的地方良种全耳毛兔,具有较好的生产性能,又能适应当地的外界环境,抗病力较强,也须采用纯种繁育加以固定和提高。

但是,长期的纯种繁育可能因出现近交而导致后代生活力和繁殖性能的下降,即群众所说的娇气、退化。所以,采用纯种繁育除采取选种、选配和培育措施外,最好采用品系繁育方法。

所谓品系,就是指品种内来自相同祖先的后裔群,这群后裔不但一般性状良好,而且在某一个或几个性状上表现特别突出,它们之间既保持一定的亲缘关系,同时彼此间也较相似。例如毛用兔中,在一般性能都较良好的情况下,有的毛很密,有的毛很长,有的体格很大。这样,就可以利用各自的优点,培育成毛密系、毛长系或体大系等。以后通过品系间的杂交就可把几个优良性能汇集在一起,并且因品系间的亲缘关系较远,也可避免不恰当的近交。品系繁育的方法,目前采用的主要有以下几种。

1. 系祖建系 在兔群中选出性能特别优良的种公兔,要求不仅有独特的遗传稳定性,而且没有隐性不良基因,然后选择没有亲缘关系、具有共同特点的优良母兔 5～10 只与之交配,在后代中继续通过选种选配,使之得到具有系祖优点的大量后代。我国现有的许多地方良种都可以通过这种方法进行选育提高。

2. 近交建系 就是选择遗传基础比较丰富、品质优良的种兔通过高度近交,如父女、母子或全同胞、半同胞交配,使加性效应基因累积和非加性效应基因纯合。然后在此基础上通过选种选配,培育成近交系。近交建系的优点是时间短,效果显著;缺点是可能使有害隐性基因纯合,引起生活力下降。

3. 表型建系 就是根据生产性能和体型外貌,选出基础群,然后闭锁繁殖,经过几代选育就可培育出一个新品系或新品种。这种方法简单易行,各地农村都可采用。如果是养兔专业户,一家就能承担建系育种任务,而且环境条件一致,选育效果更好。

4. 相互反复选育 这是国外家兔品系繁育广泛采用的一种繁育方法。主要是根据两个品系或品种正反交杂种后代的生产性能、繁殖性能和生活力等进行选育。例如,要选择家兔的多胎性,先将品系 A 的公兔与本品系 B 的母兔交配,根据后代 AB 的产仔数选择 A 系最好的公兔与本品系的母兔繁殖,这样循环往复,就能得到一个特性已经加强而且与 B 系的配合力已经过考验的 A 系。同样,把 B 系的公兔用 A 系的母兔进行检验,使 B 系也能得到进一步的改进。

品系繁育是纯种繁育中的重要一环,是促进品种不断提高和发展的一项重要措施,是比较高级阶段的育种工作。

(二) 杂 交 改 良

杂交就是指不同品种(或品系)的公母兔之间交配,获得兼有不同品种(或品系)特征的后代。在多数情况下,采用这种繁育方法可以产生杂种优势,即后代的生产性能和繁殖能力等方面都不同程度地高于其父母的总平均值。

杂交,一方面可以育成新品种,另一方面可以获得较高的经济效益。目前在养兔业中常用的杂交方式主要有以下几种。

1. 经济杂交 经济杂交又称简单杂交,采用两个品种(或品系)的公母兔交配,目的是利用杂种优势,提高生产兔群的经济效益。杂种一代一般具有生活力强、生长发育快、产毛性能高等优点。例如,新西兰白兔与加利福尼亚兔杂交后,其后代的生产性能和繁殖能力都高于双亲的平均值(表 4-6)。

表 4-6 新西兰白兔×加利福尼亚兔的杂交效果

项　　　目	新西兰白兔	加利福尼亚兔	加×新(母兔)
每年平均每只母兔产仔数(只)	37.23	37.20	41.34
平均每胎产仔数(只)	8.1	7.9	8.6
平均每胎断奶仔兔数(只)	7.3	7.6	7.8
8 周龄平均体重(千克)	1.93	1.68	2.03
饲料消耗比	3.41∶1	3.01∶1	3.05∶1

　　经济杂交可以用两品种间的杂交,也可以用三品种间的杂交,杂种后代不论公母一般都不作为种用,只作为经济利用。

　　2. 育成杂交　主要用于培育新品种,世界上许多著名的家兔品种几乎都是用这种方法育成的。例如,青紫蓝兔就是1913 年法国育种家用灰色嘎伦野兔、蓝色贝韦伦兔和喜马拉雅兔杂交育成的。目前分布于江、浙一带的全耳毛兔,虽然具有耐粗饲、适应性强、繁殖率高等优点,但是有体型小、兔毛密度差、产毛量低等缺点。因而可考虑用体型大、产毛性能好的德系长毛兔进行杂交,以育成新型的全耳毛长毛兔。育成杂交的步骤一般可分为杂交、固定、提高 3 个阶段。

　　(1)杂交阶段　通过两个或两个以上品种的公母兔杂交,使各个品种的优点尽量在杂种后代中结合,改变原有家兔类型,创造新的理想类型。

　　(2)固定阶段　当杂交后代达到理想型后即可停止杂交,进行横交固定。例如,在全耳毛兔的改良过程中,用德系长毛兔杂交至第二代或第三代,达到改良兔成年体重不低于 3.5千克、年产毛量不低于 750 克时就可在杂种后代中选择理想型的公母兔进行交配。为了迅速固定优良性状,在横交固定阶段可大胆采用亲缘交配。

（3）提高阶段　通过大量繁殖已经固定的理想型,迅速增加家兔数量和扩大新品种的分布地区。同时要不断完善品种的整体结构和提高品种质量,完成一个品种应该具备的各种条件,准备鉴定验收。

3. 导入杂交　当一个品种具有某些不足之处时,就可采用能弥补这些缺陷的另一品种进行导入杂交。一般只杂交 1次,然后从第一代杂种中选出优良的公母兔与原品种的公母兔回交,再从第二代或第三代中(含外血 1/4 或 1/8)选出理想型进行横交固定(图 4-1)。例如,20 世纪 70 年代初期,江、浙一带针对全耳毛兔体型太小的缺点,用日本大耳兔进行导入杂交以增大体格,提高产毛量,回交 2～3 代后选择优良公母兔后代进行横交固定。已初步培育出成年体重为 3.5～4千克、年产毛量 600～700 克的长毛兔。

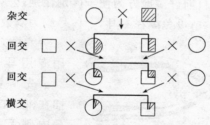

图 4-1　导入杂交示意图

4. 级进杂交　级进杂交又称改造杂交。一般用当地母兔与引进的优良公兔交配,获得的杂种后代再与引进的良种公兔重复杂交,使当地品种的血缘成分越来越少,改良品种的血缘成分越来越多,达到理想型要求后,停止杂交进行自群繁育。如用德系公兔改良本地长毛兔,就可以采用这种方法。

一代杂种再与德系公兔交配,杂种二代依然如此,这样累代以德系公兔与杂种母兔交配,直到杂种后代的生产性能达到理想型要求才停止杂交。一般认为杂交到第三代,即杂种兔含德系兔血缘达 87.5％,其体型和产毛量基本上已与德系长毛兔相一致,这时就可进行杂种兔的自群繁育。如果杂交代数过高,可能导致生活力和适应性的下降。因此,杂交代数必须适当控制。

四、家兔的一般育种技术

(一)编耳号

为了便于识别家兔和做好记录工作,对种兔必须进行编号。编号的最适宜部位是在耳内侧,最适宜的编号时间是仔兔断奶前后。目前许多地方为便于区别性别,公兔编在左耳,个体号编为单数;母兔编在右耳,个体号编为双数。

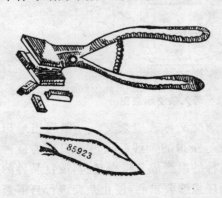

编号方法:一般使用专用耳号钳(图 4-2)。先将要编的号码插在钳子口上,再在耳朵内侧无毛而血管较少处,用碘酊消毒编制耳号的部位,待碘酊干后涂上食醋墨汁,然后将耳号钳夹住编制耳号的部位,用力紧压,刺针即穿入皮内,取下

图 4-2 兔用耳号钳和编号法

耳号钳,用手揉捏耳壳,使墨汁浸入针孔,数日后即可呈现出蓝色号码。如无专用耳号钳,也可用大头针刺成数码。

（二）体尺测量

家兔的体尺通常只测定体长和胸围(图 4-3),必要时再测耳长和耳宽,单位以厘米计。

1. 体长 指鼻端到尾根的直线距离,最好用卡尺或直尺测量。

2. 胸围 指肩胛后缘绕胸廓一周的长度,用卷尺测量。

3. 耳长 指耳根到耳尖的距离。

4. 耳宽 测量耳朵的最大宽度。

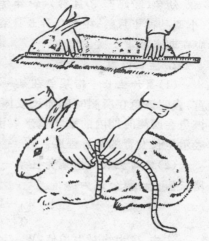

图 4-3 家兔的体尺测量
上图:测量体长 下图:测量胸围

肉用兔、皮用兔的体尺测量时间可在育成期末进行。毛用兔宜在剪毛后进行。

（三）生产性能测定

1. 体重测量 所有体重测量均在早晨饲喂前进行,单位以千克或克计算。

(1)初生重 指产后 12 小时内称量活仔兔的全窝重量或个体重量。

(2)断奶重 指断奶当日饲喂前的重量,分断奶窝重和断奶个体重,并须注明断奶日龄,一般频密繁殖采用 4 周龄断奶,种兔(包括毛用兔)6 周龄断奶。

幼兔(断奶至 3 月龄)、青年兔(3 月龄至成年)、成年兔(小型品种 4 月龄,中型品种 6 月龄,大型品种 7 月龄)各自均应在期末称重 1 次。

2. 生长计算

(1)累计生长 指某兔在某一时期内所测得的体尺和体重,表明该兔在所测时期体尺或体重的累计生长值。一般以该兔在所测时期内的平均值来表示,应用标准差或变异系数表示生长发育的变异程度。

(2)绝对生长 指某兔在某一时期内体尺和体重的绝对增长值。计算公式为:

$$G = \frac{W_1 - W_0}{t_1 - t_0}$$

式中,G 为绝对生长值;W_0 为前一次称量值;W_1 为后一次称量值;t_0 为前一次称量时间;t_1 为后一次称量时间。

(3)相对生长 指某兔体尺和体重的增长强度,用单位时间内体尺和体重增长的百分率表示。计算公式为:

$$R = \frac{W_1 - W_0}{W_0} \times 100\%$$

式中,R 表示相对生长百分率。绝对生长值相等的种兔,相对生长强度不相等,表明其生长强度不相同。

(4)生长系数 指某一性状后一次测量值占开始时测量值的百分率。其计算公式为:

$$C = \frac{W_1}{W_0} \times 100\%$$

式中,C 表示生长系数。通常以初生时的体尺和体重与其他各生长阶段所测得的体尺和体重值相比较,以分析种兔的生长发育状况,鉴别不同发育阶段的差异程度。

3. 繁殖性能

(1)受胎率

$$受胎率=\frac{1个发情期配种受胎数}{参加配种母兔数}\times100\%$$

(2)产仔数 指 1 只母兔实产仔兔数,包括死胎、畸形。

(3)产活仔兔数 指称量初生重时的活仔兔数,种母兔成绩以连续 3 胎平均数计算。

(4)断奶成活率

$$断奶成活率=\frac{断奶仔兔数}{产活仔兔数}\times100\%$$

(5)幼兔成活率

$$幼兔成活率=\frac{13周龄幼兔成活数}{断奶仔兔数}\times100\%$$

(6)育成兔成活率

$$育成兔成活率=\frac{育成期末幼兔成活数}{13周龄幼兔成活数}\times100\%$$

(7)泌乳力 用 21 日龄仔兔窝重来表示,包括寄养仔兔,母兔成绩按连续 3 胎的平均数计算。

4. 产毛性能

(1)产毛量 成年兔的个体产毛量(以克计算):实际产毛量是计算该年 1 月 1 日至 12 月 31 日实际剪毛量的总和;估测产毛量是以个体 9 月龄 1 次剪毛量的 4 倍来计算,养毛期为 90 天。

(2)产毛率 是毛用兔产毛量与本身体重之比,以百分率表示,客观上反映了单位皮肤面积的产毛量。

(3)兔毛结块率

$$兔毛结块率=\frac{同次结块毛重量}{1次剪毛量}\times100\%$$

(4)粗毛率

$$粗毛率=\frac{粗毛重量（包括两型毛重量）}{1平方厘米皮肤面积毛样全重}\times100\%$$

(5)毛料比

$$毛料比=\frac{统计期内饲料消耗量（千克）}{统计期内剪毛量（千克）}$$

(6)兔毛品质　指兔毛长度、细度、强度,测定样品以"十字部"毛样为代表。

①长度　包括毛丛自然长度和毛纤维长度。毛丛自然长度,指在兔体上测 3～4 个毛丛长度的平均数;毛纤维长度,指剪下的毛纤维单根自然长度,是测量 100 根的平均数。单位以厘米计算,精确到 0.1 厘米。

②细度　以单根兔毛纤维中段直径来量度,是测量 100根的平均数,以微米为单位,精确到 0.1 微米。

③强度　用仪器进行测定,指拉断兔毛的应力,用克或千克表示,是测量 30 根的平均数。

5. 产肉性能

(1)生长速度　既反映了家兔生长发育情况,也表示了肉用兔的生产性能,重点测定早期生长发育速度。

$$生长速度（克/日）=\frac{统计期内兔体增重量（克）}{统计期内饲养日数（日）}$$

(2)饲料转化比

$$饲料转化比=\frac{统计期内饲料消耗量（千克）}{统计期内兔体增重量（千克）}$$

统计期按 4～10 周龄或 6～13 周龄计算。

(3)屠宰率

$$屠宰率=\frac{肉兔屠体重}{肉兔活重}\times100\%$$

肉兔活重指屠宰前停食 12 小时以上的活体重。屠体重分两种：放血，去皮，去头、尾、前脚（腕关节以下）、后脚（跗关节以下），剔除内脏的称全净膛屠体重；在全净膛基础上留肝、肾、腹壁脂肪的称半净膛屠体重。

（四）育种记录

为了正确进行育种工作，每个兔场都必须进行详细的记录和统计工作。这是改进工作、总结经验、发现问题和开展系统育种工作的基础。

1. 个体记录牌 成年公母兔都应有个体记录牌，一般挂在兔笼前壁上。工作人员应及时把每只公母兔的情况分别填写在记录牌上（表 4-7，4-8）。

表 4-7 母兔个体记录牌

耳号＿＿＿＿＿＿＿＿＿＿＿＿ 品　种＿＿＿＿＿＿＿＿＿＿＿

体重＿＿＿＿＿＿＿＿＿＿＿＿ 出生年月＿＿＿＿＿＿＿＿＿＿

交配	预产期	分　　娲					断　奶			备注
		日期	产仔数	死胎数	活仔数	仔兔窝重	日期	仔兔数	仔兔体重	

表 4-8 公兔个体记录牌

耳号＿＿＿＿＿＿＿＿＿＿＿＿ 品　种＿＿＿＿＿＿＿＿＿＿＿

体重＿＿＿＿＿＿＿＿＿＿＿＿ 出生年月＿＿＿＿＿＿＿＿＿＿

交配日期	配种方式	母兔号	配种结果	备　注

2. 种兔卡片 凡成年公母兔均应有记载详细的种兔卡片,主要记录兔号、系谱、生长发育、繁殖性能、生产性能和各种鉴定成绩等资料(表4-9)。

表 4-9 种 兔 卡 (正面)

品　种		毛色特征		初配年龄	
耳　号		乳头数		初配体重	
性　别		出生日期		来　源	

一、系　谱

项　目	父　　　系		母　　　系	
耳　号				
品　种				
体　重				
等　级				
耳　号				
品　种				
体　重				
等　级				
耳　号				
品　种				
体　重				
等　级				

二、生长发育及鉴定记录

年　别	月　龄	体　重	体　长	胸　围	产毛量	鉴定等级

三、母兔产仔哺育记录 （背面）

年别	胎次	配种公兔		分娩 时间	产	仔			断 奶		留种仔兔	
		耳号	品种		总数	死胎	活仔	窝重	只数	窝重	公	母

四、公兔配种繁殖记录

年 别	配种母兔 （只数）	不孕母兔 （只数）	产仔兔 （只数）	留种仔兔		备 注
				公	母	

3. 母兔配种繁殖记录 主要记录胎次、配种日期、分娩日期、产仔数、初生重、断奶重等（表4-10）。

表4-10 母兔配种繁殖记录

胎 次	配 种			分 娩				留种		1月龄		断 奶		
	日 期	配前 体重	与配 公兔	日 期	产仔 数	活仔 数	窝 重	只 数	总 重	只 数	总 重	日 期	只 数	总 重	均 重

4. 种公兔配种记录 主要记录种公兔的初配年龄、体重，与配母兔及配种日期、配种效果等（表4-11）。

表 4-11　种公兔配种记录

品种	耳号	初配年龄	初配体重	与配母兔		配　种　日　期				受胎日期	备注
				品种	耳号	1次	2次	3次	4次		

5. 青年兔生长发育记录　主要记录出生日期、断奶体重、3月龄体重、6月龄体重和体尺、成年体重等(表4-12)。

表 4-12　青年兔生长发育记录

品种	耳号	性别	父		母		出生日期	断奶重	3月龄重	6月龄			成年体重	年产毛量
			品种	耳号	品种	耳号				体重	体长	胸围		

第五章　家兔的繁殖技术

家兔繁殖是养兔生产中关键的一环,正确掌握家兔的繁殖和配种技术是增加经济收入的重要措施。

一、家兔的主要繁殖现象

(一)精子和卵子

1. 精子　是由公兔睾丸中的精原细胞经过分裂、增殖发育阶段而形成的。据报道,公兔睾丸重约 7 克,每克每周可产生精子 5 000 万个左右,所以在选择种公兔时,必须注意睾丸的大小和发育情况,睾丸大而质地紧密,表明发育良好,睾丸小而柔软疏松,表明发育不良。

一般公兔每次射精量为 0.5~2.5 毫升,平均每毫升精液含精子 1 亿~2 亿个。据报道,获得最高受精率所需的精子数为 100 万个左右,精子数过多反而会降低受胎率,因为过多的精子会抑制输卵管内的获能作用。

精子在母兔生殖道内保持受精能力的时间为 30~32 小时,精子自阴道开始以每分钟 2 毫米的速度向子宫、输卵管方向游动,到达输卵管上 1/3 处(受精部位)的时间为配种后 2~4 小时。

兔的精子形似蝌蚪,长 35.3~62.5 微米、可分头、颈、体、尾四部分。头长约 0.8 微米、宽 0.5 微米,大部分为细胞核所占据,上面有一个顶体,主要起保护作用,是精细胞的核心。

体、尾则为精子的运动器官。

2. 卵子　卵子是由贮存在卵巢中的卵母细胞经过一系列分化、发育而成的一种特殊细胞。据研究,卵母细胞——最原始的卵子基础,在母兔出生前后进行增殖,贮存在卵巢皮质层中,一般以后不再生成卵母细胞。

幼兔的卵巢,表面比较平滑,体积很小。成年兔的卵巢长 1～1.7 厘米、宽 0.3～0.7 厘米、重 0.3～0.5 克,表面有透明的小圆泡突起(即成熟卵泡)。妊娠母兔的卵巢表面可见暗色小丘,即为黄体。排卵时,两侧卵巢排出的卵子总数为 18～20个,一般来说,母兔每次排出的卵子数是比较恒定的。若去掉一侧卵巢,则另一侧卵巢就会增加排卵数,但数目不会超过两侧卵巢的排卵总数。

卵子排出后可存活的时间为 8～9 小时,保持受精能力的时间为 6 小时,一般以排卵后 2 小时受精力最高。在卵巢中未排出的成熟卵子经 10～16 天后,在雌激素和孕激素的协同作用下,便会逐渐萎缩、退化,最后被周围组织所吸收。

(二) 性成熟和初配年龄

初生仔兔生长发育到一定年龄,公兔睾丸能产生精子,母兔卵巢能产生卵子,即达到性成熟。一般来说,公兔的性成熟年龄为 4～4.5 月龄,母兔为 3.5～4 月龄。

家兔的性成熟年龄,因品种、性别、个体、营养水平、遗传因素等不同而有差异。小型品种的性成熟比大型品种要早 1个月左右;肉用品种比毛用品种早 1～1.5 个月;杂种兔比纯种兔早 1 周左右;营养好的比营养差的早半个月左右;母兔则比公兔早 1 个月左右。另外,早春出生的仔兔比晚秋和冬季出生的仔兔早 1～2 周。

公母兔达到性成熟后,虽然已能生殖,但不宜配种、繁殖后代。因为家兔的性成熟早于体成熟,公母兔虽然已达性成熟,但身体各部器官仍处于发育阶段,如过早繁殖不仅会影响本身的生长发育,而且配种后受胎率降低,产仔数少,仔兔初生体重小,成活率低。但是过晚配种亦会影响公母兔的生殖功能和终生繁殖能力。

各类家兔最适宜的初配年龄如下。

毛用母兔为7～8月龄,体重2.5～3千克;公兔8～9月龄,体重3～3.5千克。

肉用母兔为5～6月龄,体重3～3.5千克;公兔7～8月龄,体重3.5～4千克。

兼用母兔为6～7月龄,体重3.5～4千克;公兔7～8月龄,体重4～4.5千克。

据生产实践,在正常饲养条件下,家兔体重达到该品种标准体重75%时,即已达到体成熟,就可进行初配。一般来说,小型品种为5～6月龄;中型品种为6～7月龄;大型品种为7～8月龄。

适龄种兔从开始交配繁殖起,其利用年限,公兔为4～5年,母兔为3～4年。老年种兔性活动功能衰退,所产仔兔品质下降。据国外报道,老年亲本所产的母兔与老年公兔配种,其胚胎死亡率高达30%左右,老年公兔与中、青年母兔配种的,受胎率低于2岁公兔的配种受胎率。

(三) 发情与发情表现

母兔性成熟以后,每隔一定时间卵巢内就会成熟一批卵泡(10～20个),同时由于卵泡发育的结果,产生一种雌激素,这种激素通过血液循环作用于大脑活动中枢,引起母兔生殖器官的变化和性欲,这就是发情。

　　发情母兔一般表现为精神不安、活跃,在笼内往返跑动,顿足刨地,食欲减退。发情旺期外阴部红肿、湿润,分泌的黏液较多,此时配种,受胎率最高。如果外阴部呈粉红色,则为发情初期,紫红色为发情后期,苍白色为不发情期,此时配种受胎率较低。

　　应当指出的是,母兔与其他家畜不同,是一种刺激性排卵动物。在正常情况下,母兔卵巢内经常有一批卵泡处于发育之中,在前一批卵泡尚未完全退化时,后一批卵泡又处在发育之中,在前后两批卵泡的交替中,雌激素浓度必然发生由高而低、又由低而高的变化。因此,母兔的发情表现也会发生明显或不明显的变化。但是这种变化并无严格的规律性,间隔时间也并不稳定。

　　在一般情况下,母兔的发情周期为 8～15 天,发情持续期为 3～5 天。母兔排卵发生于公兔交配刺激后 10～12 小时,如果未经交配等刺激,则不会排卵。所以在实际生产中往往存在着母兔发情不一定排卵,而排卵也不一定发情的现象,即使没有发情表现的母兔只要实行强迫交配,结果也能使母兔妊娠产仔。

　　据国外报道,公兔也有一定的性周期征象,根据每天采集的精液样品,精液量、精子数和精子活力呈现为周期性波动。其周期为 2～7 天。

(四) 妊娠和妊娠期

　　公母兔交配后,精子与卵子在输卵管上 1/3 处的膨大部结合而受精。家兔的受精时间一般是在排卵后 1～2 小时。受精后 72～75 小时胚胎开始向子宫运行,受精后 7 天在子宫内着床,形成胎盘。此后胚胎的生长发育则完全依靠胎盘吸收母体供给的养料和氧气,代谢产物亦经胎盘传递到母体而排出体外。

据报道,在正常排卵情况下,胚胎死亡率约占着床总数的7%,其中66%在8～17天之间、27%在17～23天之间死亡。另据报道,子宫内胚胎死亡率与母兔的营养水平有关,配种后第九天观察,高营养水平(超过正常的营养水平)的胚胎死亡率为44%,低营养水平(适宜的营养水平)的死亡率只有18%。高营养水平组的平均活胎数为3.8只,而低营养水平组为6只。

家兔的妊娠期平均为30～31天,变动范围为29～34天。不到29天者为早产,超过35天者为异常妊娠,在这种情况下多数不能产下正常仔兔,一般很难存活。母兔妊娠期的长短与品种、年龄、营养水平、胎儿数量和发育情况有关。大型母兔的妊娠期比小型兔长;老年兔比青年兔长;胎儿数量少的比多的长;营养和健康状况好的比差的长。

(五) 分娩和护理

母兔的分娩征兆比较明显,大多数母兔在临产前3～5天乳房开始肿胀,并可挤出少量乳汁,外阴部红肿,食欲减退。临产前1～2天,开始衔草拉毛筑窝。临产前10～12小时,衔草拉毛次数增多,到产前2～4小时,频繁出入于产箱。据实际观察,拉毛与母兔的泌乳有着直接关系,拉毛早则泌乳早,拉毛多则泌乳多。因此,对不会拉毛的初产母兔,临产前最好进行人工辅助拉毛,用手拉下胸腹部乳房周围的一部分长毛,铺垫于产仔箱中。

母兔产仔一般在凌晨5时至下午1时,产仔行为多呈蹲坐状、弓背努责、四肢刨地、精神不安。第一只仔兔多为头部先出,其后的仔兔有的头部先出有的后肢先出。凡头部先出者,分娩较快;后肢先出者,要多次努责及阵缩后才娩出。母兔一边产仔,一边将脐带咬断,同时舐干仔兔身上的血液和黏液,吃掉胎衣,这时分娩即告结束。

母兔分娩产仔的时间很短,每隔 2～3 分钟产仔 1 只,一般产完 1 窝仔兔只需 20～30 分钟。但是也有个别母兔产完第一批仔兔后,再隔数小时,才产第二批仔兔。分娩结束后,母兔就会跳出产仔箱,寻找饮水,如果找不到饮水,就会跑回产仔箱吃掉仔兔。所以,护理分娩母兔,最重要的就是备足饮水,以免母兔因产后失水较多,口渴而吃掉仔兔。

二、家兔的配种方法

(一) 自然交配

自然交配就是把公母兔混养在一起,任其自由交配。这是一种原始的配种方法,虽然配种及时,方法简便,节省劳力,但是容易发生早配、早孕,影响幼兔的生长发育;无法进行选种选配,容易发生近亲交配和引起品种退化;公兔多次追配母兔,体力消耗过大,容易引起早衰,缩短利用年限;公母兔混群饲养,容易引起同性殴斗和传播疾病。所以,在实际生产中已经很少应用。

(二) 人工辅助交配

人工辅助交配就是在公母兔分群或分笼饲养情况下,配种时将母兔放入公兔笼内,在人员看守和帮助下完成配种过程。与自然交配相比,这种方法能有计划地进行选种选配,避免近亲繁殖;能合理安排公兔的配种次数,延长种兔的使用年限;能有效防止疾病传播,提高家兔的健康水平。因此,目前养兔业中,尤其是家庭养兔者普遍采用这种配种方法。

1. 严格检查公母兔的健康状况   经健康检查,凡体质瘦弱、性欲不强、患有疾病(疥癣、梅毒等)的兔子一律不能参加配种;患有恶癖或生产性能过低的公母兔应严格淘汰。

2. 清洗和消毒兔笼   尤其是公兔笼内粪便、污物必须清除干净。配种前数日应剪除公母兔外生殖器周围的长毛,毛用兔最好在配种前剪毛一次,既方便配种,又可提高受胎率。

3. 在公兔笼内配种   配种时必须把母兔放入公兔笼内,不能把公兔放入母兔笼内,以防环境变化,分散公兔精力,延误交配时间。当公母兔辨明性别后,公兔便会追逐母兔,如果母兔接受交配,就会后肢站立举尾迎合,公兔阴茎插入阴道后立即射精,并发出"咕咕"叫声,表示交配已顺利完成。

4. 注意公母兔间的选择性   配种时要注意公母兔之间的选择性,如果发情母兔放进公兔笼内后,长时间奔跑,逃避公兔,或伏在笼内,尾部紧压阴部,公兔几经调情仍拒绝交配,可采用人工强制配种。配种员以左手抓住母兔颈部皮肤,右手伸入腹下置于两后腿之间并用食指和中指固定尾巴,举起母兔臀部,即可迎合公兔交配。

5. 配种后检查母兔   配种结束后,应立即将母兔从公兔笼内取出,检查外阴部,有无假配。如无假配现象即将母兔臀部提起,并在后躯部轻轻拍击一下,以防精液倒流,然后将母兔送回原笼。并及时做好配种登记工作。

6. 配种频率   在一般情况下,一只体质健壮、性欲旺盛的公兔,每天可配种 1~2 次,连续配种 2 天后可休息 1 天。

若遇母兔集中发情,则可适当增加配种次数,但切忌滥交,以免影响公兔健康和精液品质。

7. 编制配种计划　无论何种家兔品种,均要根据选种、选配原则,编制配种计划。防止近交,做好配种记录。

8. 配种时间　春、秋两季最好选在上午 8～11 时,夏季利用清晨和傍晚,冬季利用中午比较暖和时进行。据国外报道,家兔的性活动多在傍晚或清晨。因此,清晨或傍晚配种,母兔的受胎率较高。

9. 公母兔的饲养比例　据实际观察,采用人工辅助交配,种兔的公母比例以 1：8～10 为宜,即每只健康的成年公兔,在一般情况下可以担负 8～10 只母兔的配种任务。

10. 检查分析配种受胎情况　定期检查、分析公母兔的配种受胎情况。有条件的地方应定期检查公兔的精液品质,及时发现配种受胎能力差的公母兔,随时淘汰。

(三) 人工授精

人工授精是目前养兔业中最经济、最科学的配种方法。采用人工授精,能充分利用优良公兔,迅速推广良种;可减少公兔饲养数量,降低饲养费用;能提高受胎率;能减少疾病传播。

1. 采精　采精是家兔人工授精的关键环节,是一项比较复杂的技术。

(1)准备假阴道　目前无专门生产定型的兔用采精假阴道,一般用硬质橡皮管、塑料管或竹管代替,管长 8～10 厘米,直径 3～4 厘米(图 5-1)。内胎可用手术用的乳胶指套或避孕套代替。集精管可用小玻璃瓶代替。假阴道在使用前要仔细检查,用 75% 酒精彻底消毒,然后用灭菌生理盐水冲洗数次。

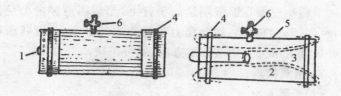

图 5-1　假阴道构造

1. 集精管　2. 内胎　3. 内胎连接集精管
4. 固定内胎橡皮圈　5. 外壳　6. 活塞

采精前从活塞气嘴处灌入 50℃～60℃ 的温水,水量以占内外壳空间的 2/3 为宜。最后吹气调节压力,使假阴道内层靠拢呈三角形或四角形,并在假阴道入口端涂上润滑油(医用凡士林或中性石蜡油),采精所需的最佳假阴道内温度为 30℃～40℃。

(2)采精方法　一般采用假台兔采精法,模仿母兔后躯外形与生殖道位置,制作假台兔(图 5-2)。外面覆盖兔皮,将准备好的假阴道装于台兔腹内。采精时,将台兔放入公兔笼内让其爬跨交配。此法简便,相当于自然交配的姿势。另外,也可预先准备一张兔皮,采精时,采精人员一手握住假阴道,用

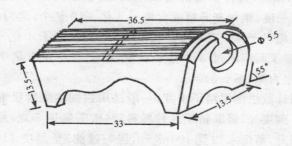

图 5-2　假台兔构造　(单位:厘米)

另一手将兔皮盖在握假阴道的手背上,当假阴道伸向公兔笼内,经训练后的公兔,就会爬上蒙有兔皮的手背,此时将假阴道开口处对准公兔阴茎伸出方向,就可采精。

2. 精液检查

(1)肉眼检查

①测定精液量　公兔每次射精量,一般为 0.5～2.5 毫升。

②检查色泽和气味　正常精液呈乳白色,无臭味,如有其他颜色和气味,表示精液异常,不能作为输精用。

③测定精液酸碱度　用精密试纸测定精液酸碱度,正常精液接近中性,pH 值 6.8～7.2。

(2)显微镜检查　一般在 200～400 倍显微镜下,观察精子活力、密度和畸形率。

①精子活力检查　通常采用十级制计分法,在显微镜视野中呈直线运动精子达 100%,则评为 1 级;90% 为 0.9 级;80% 为 0.8 级;依此类推,全部死亡时为 0 级。在生产实践中,一般要求精子活力在 0.6 级以上,方可作为输精用。

②精子密度测定　精子密度一般根据显微镜下精子间的距离大小来测定。如精子间距离很小,则每毫升精液含精子10 亿个以上,这种精液的密度定为密;精子间距离相当于 1个精子长度,则每毫升精液含精子 5 亿～10 亿个,定为中;精子间距相当于 1～2 个精子长度,每毫升含精子 1 亿～5 亿个,或精子间距超过 2 个精子长度,精子含量在 1 亿个以下者,均定为稀(图 5-3)。

用计数法测定精子密度,一般是用白细胞吸管吸取精液至 0.5 刻度处,吸取精子计数稀释液(碳酸氢钠 5 克,福尔马林 1 毫升,蒸馏水加至 100 毫升,混匀过滤)至刻度 11,然后计算精子的具体数目。

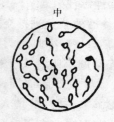

密　　　　　中　　　　　稀

图 5-3　精子密度

③精子形态检查　正常精子具有一个圆形或卵圆形的头部和一条细长的尾部。畸形精子主要有双头双尾、大头小尾、有头无尾、有尾无头或尾部卷曲等。在正常精液中，畸形精子数不应超过 20%，如果超过 30%，则会影响受精力。

3. 精液稀释　精液稀释的主要目的是扩大精液量，增加输精的母兔数，便于精液保存、运输和延长精子的存活时间。稀释倍数一般为 1：5～10。常用的稀释液主要有以下几种。

(1)生理盐水溶液　精制氯化钠 0.9 克，加蒸馏水至 100 毫升。

(2)5% 葡萄糖溶液　精制无水葡萄糖 5 克，加蒸馏水至 100 毫升。

(3)葡萄糖-柠檬酸钠稀释液　葡萄糖 4 克，柠檬酸钠 0.58 克，加蒸馏水至 100 毫升。

稀释后的精液可保存在冰箱或内放冰块的广口瓶中，保存温度以 0℃～10℃ 为宜。如果精液暂时不用，应封盖一层液状石蜡与空气隔绝，然后管口封蜡保存。

4. 输精　人工授精的缺点是缺乏自然交配的性刺激，所以在输精前应刺激排卵，才能使母兔达到受精怀孕的目的。其方法是：①肌内注射促排 3 号 2～5 微克。②静脉注射黄体生成素 10 单位。③静脉注射 1‰～1.5‰醋酸铜溶液 1 毫升。④采用结扎输精管后的公兔进行交配刺激。

通常在排卵处理后 2～5 小时内,用特制的兔用输精器(图 5-4)或用 1 毫升容量的小吸管安上橡皮乳头代替输精器进行输精。输精前先将母兔外阴部周围用生理盐水擦洗干净,输精器经煮沸消毒。输精时,输精人员可坐在凳子上,把母兔臀部和后肢朝上,背部向内夹于输精人员的大腿之间,手持吸取稀释精液 0.2～0.5 毫升的输精器,插入母兔阴道内 5～6 厘米,即可缓慢地注入精液。输精完毕,最好轻拍一下母兔臀部或将母兔后躯抬高片刻,以防精液倒流。

图 5-4　兔用输精器

5. 注意事项　人工授精成败的关键是要有品质良好的精液,要想获取品质良好的精液,除了公兔的选择和良好的饲养管理外,还必须注意下列事项。

第一,健康公兔每日采精 1～2 次,连续采精 5～7 天应休息 1 天。

第二,整个操作过程应严格执行消毒制度。

第三,稀释液应现用现配,抗生素在临用前添加。

第四,输精管最好 1 兔使用 1 根,以防疾病传播。

三、繁殖季节与配种计划

（一）繁殖季节

家兔繁殖虽无明显的季节性，一年四季都可配种繁殖，但因不同季节的温度、光照、营养状况不同，对母兔的发情率、受胎率和仔兔成活率等均有一定的影响。

1. 春季　气候温和，饲料丰富，母兔发情旺盛，配种受胎率高，产仔数多，是家兔配种繁殖的最好季节。据实际观察，3～5月份母兔的发情率高达80%～85%，受胎率为85%～90%，平均每胎产仔数达7～8只。所以一般兔场应力争春季能配上2胎。惟南方各省，因春季多梅雨，湿度比较大，兔病多，死亡率高，尤其是仔兔，所以一定要做好防湿、防病工作。

2. 夏季　气候炎热，尤其是南方各省，高温多湿，家兔食欲减退，体质瘦弱，性功能不强，配种受胎率低，产仔数少。据实际观察，6～8月份母兔发情率为20%～40%，受胎率为30%～40%，平均每胎产仔数只有3～5只。即使产仔，由于哺乳母兔天热减食，泌乳量少，仔兔瘦弱多病，成活率也很低。但如母兔体质健壮，又有遮荫防暑条件，仍可适当安排夏季繁殖。

3. 秋季　气候温和，饲料丰富，所以母兔发情旺盛，受胎率高，产仔数多，是家兔繁殖的又一好时期。据观察，9～11月份母兔的发情率为75%～80%，配种受胎率为60%～65%，平均每胎产仔数为6～7只。但因秋季为家兔的换毛季节，营养消耗大，对配种繁殖的影响较大，所以必须合理安排，一般以繁殖 1～2 胎为宜。

4. 冬季 气温较低,青绿饲料缺乏,营养水平下降,家兔体质瘦弱,配种受胎率较低,所产仔兔如无保温设备,容易冻死,成活率低。据观察,12 月至翌年 2 月份母兔的发情率为 60%～70%,配种受胎率为 50%～60%,平均每胎产仔数为 6～7 只。但是,冬季如有较多青绿饲料供应,又有良好的保温设备,仍可获得较好的繁殖效果。据前苏联曾报道,在良好的饲养管理条件下,母兔冬配的受胎率为 95%～99%,平均每胎产仔 7～9 只。因此,为了促进养兔业的迅速发展,应该大力推广冬季繁殖。

(二) 配种计划

一个兔场母兔每年繁殖几胎比较适宜,这要根据当地的饲料条件和管理水平而定。条件好的可多繁殖,条件差的宜少繁殖。一般毛用兔以年产 3～4 胎,兼用兔和肉用兔以年产 4～5 胎为宜(表 5-1,表 5-2)。

表 5-1 毛用兔年产 4 胎繁殖计划

胎次	交 配 日 期	分 娩 日 期	断 奶 日 期
1	2 月 20 日(怀孕 30 天)	3 月 22 日(哺乳 42 天)	5 月 2 日(休息 7 天)
2	5 月 9 日(怀孕 30 天)	6 月 8 日(哺乳 42 天)	7 月 20 日(休息 55 天)
3	9 月 15 日(怀孕 30 天)	10 月 15 日(哺乳 42 天)	11 月 25 日(休息 7 天)
4	12 月 3 日(怀孕 30 天)	1 月 2 日(哺乳 42 天)	2 月 13 日(休息 7 天)

表 5-2　兼用、肉用兔年产 5 胎繁殖计划

胎次	交 配 日 期	分 娩 日 期	断 奶 日 期
1	1 月 1 日（怀孕 30 天）	1 月 31 日（哺乳 28 天）	3 月 1 日（休息 5 天）
2	3 月 6 日（怀孕 30 天）	4 月 5 日（哺乳 30 天）	5 月 5 日（休息 10 天）
3	5 月 15 日（怀孕 30 天）	6 月 14 日（哺乳 30 天）	7 月 14 日（休息 35 天）
4	8 月 20 日（怀孕 30 天）	9 月 19 日（哺乳 30 天）	10 月 19 日（休息 10 天）
5	10 月 25 日（怀孕 30 天）	11 月 24 日（哺乳 30 天）	12 月 24 日（休息 6 天）

　　法国已制定了繁殖母兔的生产性能指标（表 5-3），可供我国兔场和养兔者制定繁殖配种计划时参考。

表 5-3　繁殖母兔的生产性能指标

项　　　　　目	最低水平	适宜水平
每只母兔每年提供的断奶仔兔数（只）	40	50
每个母兔笼位每年提供的断奶仔兔数（只）	45	55
母兔接受交配率（%）	70	85
交配母兔的受胎-分娩率（%）	55	85
平均每胎产仔数（只）	8	9
平均每胎产活仔兔数（只）	7.5	8.5
每个母兔笼位每年分娩次数（胎）	6	7.5
每两次分娩的间隔时间（天）	60	50
初生仔兔至断奶时的死亡率（%）	25	18
平均每胎断奶仔兔数（只）	6	7
30 日龄仔兔断奶时的体重（克）	500	600
断奶幼兔每增重 1 千克的饲料消耗量（千克）	4.5	4
每月母兔的淘汰率（%）	8	5

四、提高繁殖率的技术措施

（一）重复配种

一般情况下，只要母兔发情正常，公兔精液品质良好，交配1次就可受孕。但是，为了确保妊娠和防止假孕，可以采用重复配种。即在第一次交配后5～6小时，再用同一只公兔交配1次。

母兔空怀的原因，往往是配种后精子在到达输卵管受精部位前就已死亡或活力降低而失去受精能力。尤其是久不配种的种公兔，精液中的衰老和死精子数量较多，只配1次可能会引起不孕和假孕。所以最好采用重复配种，第一次交配的目的是刺激母兔排卵，第二次交配的目的是正式受孕，提高母兔受胎率和产仔数。

（二）双重配种

一只母兔连续与两只不同血缘关系的公兔交配，中间相隔时间不超过20～30分钟。据试验，卵子在受精过程中具有一定的选择性，采用双重配种之后，由于不同精子的相互竞争，可增加卵子的选择性，提高母兔的受胎率。同时因受精卵获得了他种精子作为养料，所以仔兔生活力强，成活率高。但是，双重配种只适用于商品兔生产，不宜用作种兔生产，以防混淆血统。

采用双重配种时，应在第一只公兔交配后及时将母兔送回原笼，待公兔气味消失后再与第二只公兔配种。否则，因母兔身上有其他公兔的气味而引起争斗，不但不能顺利配种，还可能咬伤母兔。

(三) 频密繁殖

频密繁殖又称血配。一般养兔场多数仔兔在 40～45 日龄断奶,然后母兔进行再次配种,所以一年只能繁殖 3～4 胎,繁殖速度很慢。近年来,各地都先后从国外引进一些优良种兔,为了加快这些良种兔的繁殖速度,有条件的地方可以采用这种频密繁殖法。即母兔在哺乳期内配种受孕,泌乳与妊娠同时进行,所以每年可繁殖 8～10 胎(表 5-4),获得活仔兔数50 只以上。在前苏联、法国、德国、荷兰等国大型养兔场都已采用这种繁殖方法,繁殖速度很快。

表 5-4 频密繁殖计划

胎　次	交　配　日　期	分　娩　日　期	断　乳　日　期
1	12 月 10 日(怀孕 30 天)	1 月 10 日(哺乳 25 天)	2 月 5 日
2	1 月 12 日(怀孕 30 天)	2 月 12 日(哺乳 25 天)	3 月 24 日
3	2 月 27 日(怀孕 30 天)	3 月 28 日(哺乳 25 天)	4 月 22 日
4	3 月 30 日(怀孕 30 天)	4 月 30 日(哺乳 25 天)	5 月 25 日
5	5 月 15 日(怀孕 30 天)	6 月 15 日(哺乳 25 天)	7 月 12 日
6	6 月 17 日(怀孕 30 天)	7 月 17 日(哺乳 25 天)	8 月 12 日
7	8 月 1 日(怀孕 30 天)	9 月 1 日(哺乳 25 天)	9 月 26 日
8	9 月 3 日(怀孕 30 天)	10 月 3 日(哺乳 25 天)	10 月 28 日
9	10 月 5 日(怀孕 30 天)	11 月 5 日(哺乳 25 天)	12 月 1 日

应当指出的是,母兔血配之后,由于哺乳和妊娠同时进行,因而对营养物质的需要量很大,在饲料的数量和质量上一定要满足母兔本身及泌乳和胎儿生长发育的需要。另外,对

母兔必须进行定期称重,发现体重明显减轻时,就要停止进行下一次血配。由于采用频密繁殖之后,种兔的利用年限缩短,一般不超过 1.5～2 年,自然淘汰率较高,所以一定要及时更新繁殖母兔群,对留种的幼兔必须加强饲养管理。

(四) 人工催情

有些母兔因长期不发情、拒绝交配而影响繁殖,尤其是秋季和冬季。为使母兔发情配种,除改善饲养管理外,还可采用人工催情的方法。

1. 激素催情 促使母兔发情排卵的激素,主要有脑垂体前叶分泌的促卵泡生成素(FSH)、促黄体生成素(LH)及胎盘分泌的绒毛膜促性腺激素(HCG)、孕马血清促性腺激素(PMSG)等。据试验,肌注促卵泡生成素(每日 2 次,每次 0.6 毫克/只)、静注促黄体生成素(每次 10 单位/只)、肌注绒毛膜促性腺激素(每次 50～100 单位/只)或孕马血清促性腺激素(每次肌注 40 单位/只),一般都可使母兔的发情率达到 70%～90%,受胎率达到 65%～70%,平均每胎产仔数为 4～6 只。

2. 性诱催情 对长期不发情或拒绝交配的母兔,可以采用性诱催情法。将母兔放入公兔笼内,通过追逐、爬跨等刺激后,仍将母兔送回原笼,经过 2～3 次后就能诱发母兔分泌性激素,促使发情、排卵。一般采用早上催情,傍晚配种。

(五) 增加光照

家兔对光照虽不苛求,但光照不足会影响繁殖性能。据浙江省上虞市土产公司试验,在舍温 20℃～24℃和全暗的环境条件下,用电灯照明,若每平方米 1 瓦每天光照 2 小时,每兔光照度为 2 勒,母兔虽有一定生育能力,但受胎率较低,一次配种的受胎率只有 30%左右。如果光照增加至每平方米 15 瓦,每兔光照度为 17 勒,每天光照 12 小时,则母兔一次配种的受胎率为 50%左右;在相同光照度下,如果每天照射 16 小时,母兔的受胎率可达 65%左右,仔兔成活率也由原来的 61.9%提高到 78.5%。因此,增加光照强度和时间能提高母兔的受胎率和仔兔的成活率。

第六章　家兔的营养需要和饲料配合

一、家兔的营养学原理

（一）饲料与兔体的组成

家兔是草食动物,兔体物质直接来源于植物饲料。因此,家兔生产实际上是植物化学物质(营养物质)转化成兔体物质(兔产品)的过程,其效率显然在很大程度上取决于饲料营养物质的供给。

饲料和兔体在化学物质上有着明显的差异(表 6-1)。主要表现在以下几方面。

表 6-1　饲料和兔体的化学物质组成比较　(单位:%)

项　　目	水　分	粗蛋白质	粗脂肪	灰　分	无氮浸出物	粗纤维
兔　体	69.2	18	8	4.8	—	0
稻草粉	10.6	4.6	3.1	10.4	41.2	30.1
大豆饼	11.2	43.6	5.1	5.0	29.7	5.4
大　麦	11.1	10.7	2.0	2.4	69.8	4.0

一是就碳水化合物而言,植物饲料含有淀粉和粗纤维(纤维素、半纤维素和木质素),而兔体中完全不存在这类物质;相反,兔体含有肝糖元和肌糖元,而植物饲料不含任何形式的糖元。

二是在脂类物质中,兔体内不存在植物饲料所含的色素、蜡质和磷脂。

三是兔体内无类似植物饲料中的氮化物。兔用饲料水分含量变动范围很大（10％～90％），而兔体水分含量虽也有变化，但变动范围很小。在蛋白质和脂肪的含量上，兔体一般相对恒定；而饲料差异很大，如甘蓝叶中蛋白质和脂肪的含量分别为 2.3％ 和 0.5％，而豆饼中分别为 43.6％ 和 5.1％。

　　兔体与植物饲料在化学物质组成上的种类和数量的差异，是饲料营养物质在兔体内转化的结果。

（二）家兔对饲料营养物质的消化和吸收

　　消化就是通过消化器官的功能——机械的、化学的和微生物的发酵作用，将饲料营养物质降解为可溶性小分子，被家兔吸收和利用。家兔赖以生存的饲料营养物质包括蛋白质、碳水化合物、脂肪、矿物质和维生素等。

　　1. 蛋白质　饲料蛋白质是家兔体蛋白质的主要来源。消化过程中，它在口腔内几乎不发生任何变化。在胃内，首先受胃液（盐酸）的作用，发生变性膨大，并在胃蛋白酶的作用下，大部分被分解。未分解的蛋白质随食糜进入小肠后，在胰腺分泌的胰蛋白酶、糜蛋白酶和肠腺分泌的肠肽酶和组织蛋白酶的作用下，最终被降解为小分子肽和氨基酸。前者吸收入小肠黏膜，在黏膜上皮细胞肽酶作用下分解成氨基酸，然后进入血液；而后者通过黏膜上皮直接进入血液。至此，饲料蛋白质转化成可吸收利用状态。食糜由小肠进入大肠后，由于盲肠和结肠近侧部的独特运动功能，使小肠中未消化吸收的蛋白质及其分解产物，以及饲料中的非蛋白含氮物（尿素、硝酸盐和氨化物等）滞留于盲肠内，由盲肠微生物（细菌）合成菌体蛋白。菌体蛋白随软粪被兔吞食，再经胃和小肠消化，转化成小分子肽或氨基酸。

饲料蛋白质在胃内被初步消化,小肠则是消化饲料蛋白质的主要部位;而"盲肠营养物"不仅使残存蛋白质得到消化利用,而且还增加了蛋白质的来源。不过,"盲肠营养物"在幼龄兔阶段无实际意义,在成年兔的蛋白质消化利用上才具有重要作用。

2. 碳水化合物　碳水化合物是家兔能量的基本来源,主要包括淀粉和粗纤维(纤维素、半纤维素和木质素)。前者为植物贮存的碳水化合物,后者则为植物体结构碳水化合物(细胞壁的组成成分)。虽然二者在化学组成上颇为相似(如淀粉和纤维素均以葡萄糖为基本结构单位),但是由于分子结构的不同,它们的消化途径和最终产物是截然不同的。

淀粉首先在家兔口腔中受唾液酶的作用,部分分解成麦芽糖和糊精。食糜从口腔进入胃内,在相当一段时间内未被胃液浸透,唾液中的酶仍有活性,继续分解淀粉。此外,家兔胃内某些细菌能产生细菌淀粉酶,这种酶可使淀粉转化为乳酸。但是,总的说来,淀粉在胃内仅受到初步消化。当食糜从胃进入小肠后,淀粉及其分解产物相继受胰液淀粉酶、肠液淀粉酶和肠黏膜上双糖酶的作用,绝大部分被分解成葡萄糖。葡萄糖通过小肠黏膜细胞吸收入血液中,残存淀粉及其分解产物随食糜进入大肠,在盲肠和结肠微生物的发酵下,产生挥发性脂肪酸(乙酸、丙酸和丁酸),通过盲肠和结肠黏膜细胞被吸收。

粗纤维通过家兔的口腔、胃和小肠时,几乎完全不发生分解。当它们随食糜进入大肠后,在盲肠和结肠受一系列细菌酶的作用,约 14% 被酵解成挥发性脂肪酸,绝大部分在大肠被吸收。

3. 脂肪　饲料脂肪物质是家兔能量来源之一,几乎完全在小肠内进行消化。在胰脂肪酶和肠脂肪酶的作用下,脂肪分解成脂肪酸和甘油。在这个过程中,胆汁起活化脂肪酶的作用。少量脂肪随食糜进入大肠内,被微生物分解成脂肪酸和甘油,并使部分不饱和脂肪酸氧化成饱和脂肪酸,甘油发酵成挥发性脂肪酸,被小肠黏膜吸收进入血液中。

4. 矿物质 现代动物营养学研究表明,钙、磷、镁、铁、铜、硫、钠、氯、钾、锌、锰、钼、钴、碘和硒等 15 种元素是动物生命所必需的化学元素。当兔体中完全缺乏或严重缺乏这些必需元素时,会发生死亡或引发元素缺乏症。但是,其中某种元素过量同样可造成兔体代谢紊乱。此外,氟、铬、溴、硅、钒、砷和钛在兔体中有时也各自发挥着特殊的生理和生化功用,故称之为条件必需化学元素。

5. 维生素 维生素是存在于植物饲料中的低分子有机化合物,在家兔体内含量极微,但是每种维生素在家兔体内都发挥自己特殊的生理和生化功用,缺乏时会引起特定的代谢紊乱症状。因此,维生素是家兔正常生理功能所必需的生物学活性物质。根据溶解性,维生素可分为脂溶性(维生素 A,维生素 D,维生素 E,维生素 K)和水溶性(B 族维生素,维生素 C 等)两大类,前者随脂肪而被吸收,后者在水溶液中被吸收。它们的吸收部位是小肠和大肠。

(三) 影响营养物质消化的主要因素

家兔对饲料营养物质的消化,受饲料、家兔本身、环境和饲养方式等因素的影响。

1. 植物饲料收割期 植物成熟前,植物体中纤维物质的含量通常随生长时间而提高,其中纤维素和木质素尤为明显。木质素是不能被消化的物质,还与纤维素和半纤维素结合在一起,严重阻碍家兔大肠微生物酶对这两种物质酵解。因此,植物饲料木质素含量增高就会妨碍纤维物质的消化,使各种饲料营养物质消化率降低。可见,同种植物饲料收割期不同,营养物质消化率明显不同,其主要原因是木质素含量不同。

2. 日粮组成 大量研究资料表明,家兔对饲料的消化程度,一般来说,单一植物饲料明显不如混合饲料。这与二者刺激消化液分泌的效果不同有关。此外,日粮的饲料组成不同,也会造成各种营养物质的含量和比例上的差异,这同样是产生营养物质消化率差异的因素。

3. 家兔年龄 幼龄兔肠管对某些营养物质吸收能力很强,所以消化率比成年兔高。例如家兔6周龄时,对蛋白质的消化比9周龄时充分。成年兔盲肠和结肠酵解纤维物质的能力比幼龄兔强。同样,前者大肠微生物转化无机氮和无机硫为蛋白氮和蛋白硫的能力也明显比后者强。

4. 生理状态 妊娠后期,由于胎儿的迅速增长,子宫占腹腔容积显著增大,消化道所占位置则相对缩小。因此,妊娠后期母兔对灰分、粗蛋白质、粗脂肪、粗纤维和无氮浸出物的消化一般均明显低于空怀母兔。

5. 饲喂量 用含粗纤维9.7%,粗蛋白质17.4%,粗脂肪3.2%和灰分5.8%的日粮给妊娠母兔限量饲喂(每天130克)和自由采食,日粮中各种营养物质的消化率,限量饲喂比自由采食高。

6. 环境温度 高温环境不仅严重影响家兔的繁殖,而且还影响其对营养物质的消化吸收。

(四)营养物质在体内的转化

消化了的营养物质经消化道黏膜细胞吸收到血液,通过血液循环输送到兔体各种组织和器官加以利用。营养物质在兔体内的代谢途径因它们的种类不同而异。

1. 氨基酸 从消化道吸收入体内的氨基酸可能有以下几种去向。①合成体蛋白。家兔的肌肉、皮肤、神经、结缔组织、血液和毛发组织均以蛋白质为基本成分;酶、抗体和某些激素等生物学活性物质本身是蛋白质;硬组织(如骨骼)中也含比例颇大的蛋白质。所有的兔体蛋白质均由饲料蛋白质的氨基酸合成。②合成乳蛋白。兔乳中约含 15.8% 的蛋白质。这些蛋白质是乳腺利用吸收的氨基酸合成的。③修补体组织。动物体组织器官的蛋白质通过新陈代谢不断更新。④氧化产能。吸收的氨基酸中,部分在体内脱氨基酶的作用下,分解为氨和 α-酮酸。前者在兔体的肝脏合成尿素,多半随尿排出体外,小部分进入消化道,被盲肠微生物用于合成菌体蛋白的氮源。后者在体内氧化释放出能量,贮藏于三磷酸腺苷,供兔体利用。此外,α-酮酸还可转化为脂肪等物质。

2. 葡萄糖 葡萄糖来源于植物饲料的淀粉。吸收到家兔体内后,可发生下列转化。①氧化成二氧化碳和水,释放出能量,供机体消耗(维持体温、肌肉运动和各种器官的正常活动等)。②合成糖原,贮存于肝脏和肌肉中,需要时,再分解成葡萄糖。③转化成兔体脂肪。④转化成戊糖,用于细胞内核糖核酸和脱氧核糖核酸的合成。⑤转化成低级羧酸,用于体蛋白的合成。⑥合成母乳,大量的葡萄糖用于乳糖的合成。

3. 挥发性脂肪酸 在挥发性脂肪酸中,乙酸和丁酸可在兔体内氧化产能,在泌乳母兔乳腺中用于乳脂的合成;丙酸在肝脏可转化为葡萄糖。此外,还可转化为兔体的脂肪和参与体蛋白的形成。

4. 脂肪酸与甘油 饲料脂肪在小肠分解成脂肪酸和甘

油。它们被小肠壁直接吸收,随即再合成脂肪,沉积于兔体脂肪组织中。

5. 矿物质和维生素 矿物质因种类不同,吸收的化学形式各异,因而它们在兔体内的转化途径也各种各样。归纳起来大致有以下几种。①直接以离子形式存在于体液或组织中。②以盐的形式参与骨组织构成,如钙和磷以羟磷石灰结晶大量沉积于骨骼。③金属元素与兔体内多种酶形成络合物,起激活酶活性的作用。金属元素与酶牢固结合,成为酶的组成成分。

绝大多数维生素从饲料中被吸收入兔体后,以生物活性物质的形式发挥各自独特的生理和生化功能。但是常用的家兔植物饲料中不含维生素 A,仅含维生素 A 原(胡萝卜素),维生素 A 原经过小肠壁吸收后,迅速转化为具有活性的维生素 A。此外,家兔的皮肤在光照下能合成维生素 D_3。

(五) 营养物质的转化效率

1. 能量转化率 家兔机体的生存和生命活动,需要消耗一定的能量。机体所需要的能量主要来源于饲料。饲料有机营养物质经家兔消化道消化,一部分能量以可吸收营养物质形式被吸收入体内,另一部分能量则以粪能的形式排出体外。饲料总能减去粪能称为可消化能。家兔的可消化能还应包括大肠微生物发酵过程中产生的有机气体(甲烷等)所含的少量能量。可消化能大体上相当于消化吸收的有机营养物质所含的能量,其值的大小不仅取决于饲料总能,而且在很大程度上还取决于饲料有机营养物质的消化率。

可消化能减去随尿排出的有机物能量(尿能)和大肠发酵气体能量,称为代谢能。家兔的代谢能包括"体增热"和大肠内"发酵热"。前者是家兔采食后体内营养物质代谢过程加剧而产生的产热现象,后者则是大肠微生物发酵过程产生的热量。两种热量在低温环境下可用于体温的维持,但在高温条件下则成了兔体的额外负担。

代谢能减去体增热和大肠微生物发酵热,称为净能。净能包括两个方面:维持净能和生产净能。前者指基础代谢能、机体活动和维持体温需要消耗的能量;后者则包括生长、产奶、繁殖和产毛所需的能量。

从饲料能量在家兔体内转化过程可见,生产净能占饲料有效能的比例越大,则饲料能量利用效率越高,生产的经济效益越好。家兔对饲料能量的利用效率取决于日粮的性质、能量水平、家兔本身对能量的利用能力和饲养环境等因素。饲喂不符合家兔生理特点的日粮,如日粮能量水平过高或过低,以及不良的气候环境(温度过高或过低)等,均不利于饲料能量的利用。

2. 蛋白质利用率　在氨基酸种类上,植物饲料蛋白质和家兔的体蛋白基本相同,均由 20 种氨基酸组成。就合成家兔体蛋白的氨基酸来说,凡能在家兔体内合成,不需直接由饲料蛋白质供给的,均称为非必需氨基酸。而另一些氨基酸在兔体内完全不能合成,必须由饲料蛋白质供给,则称为必需氨基酸。现已证明,家兔的必需氨基酸有 9 种,即含硫氨基酸(蛋氨酸、胱氨酸)、赖氨酸、精氨酸、亮氨酸、苏氨酸、色氨酸、组氨酸、异亮氨酸和缬氨酸。在必需氨基酸中,供给量和需要量相差最为悬殊的称为限制性氨基酸。例如,含硫氨基酸在兔毛中的含量比其他动物毛的含量高(为 $15\% \sim 15.8\%$),而且毛用兔相对产毛量大(如体重 4 千克的德系安哥拉兔,年产毛 0.75 千克左右),故对含硫氨基酸需求量也大。然而,常用的毛用兔饲料中,这种氨基酸的含量甚微,所以可称为第一限制性氨基酸。相比之下,赖氨酸和精氨酸分别为毛用兔的第二和第三限制性氨基酸。我们曾以中系安哥拉兔进行试验,补加胱氨酸,使日粮含硫氨基酸的水平从 0.26% 提高到 0.56%,兔毛产量增加 38.5%,优质毛比例提高 19.9%。由此可见,饲料蛋白质的利用率在很大程度上取决于必需氨基酸含量比例是否平衡。

此外,家兔饲料蛋白质的利用还取决于日粮蛋白质水平、家兔品种、不同生理阶段和环境因素等。日粮蛋白质水平过高,则过量的蛋白质用于产能,通常蛋白质饲料价格最高,在经济上很不合算。相反,日粮蛋白质过低,则饲料蛋白质首先用于维持家兔的生命,很少以肉、毛等兔产品形式在体内沉积,同样是不利的。家兔的品种不同,在饲料蛋白质利用上差异颇大。例如,外来肉用兔品种转化饲料蛋白质为体蛋白的效率比中国白兔高。大量研究资料表明,生长兔对饲料蛋白质的利用比成年兔充分。环境温度对蛋白质的利用有显著的影响。

二、家兔对各种营养物质的需要

家兔的营养需要,是指保证家兔健康和充分发挥其生产性能所需要的饲料营养物质数量,是在大量科学试验和生产实践基础上制定出来的,故对养兔生产颇有实用意义。

(一) 家兔对营养物质的维持需要和生产需要

1. 维持需要 家兔是恒温动物,在任何气温条件下,都要尽力保持体温的恒定。为此,必须通过呼吸、血液循环、酶和内分泌活动,氧化有机营养物质,产生热量。兔体所有的组织均处于新陈代谢过程中,旧组织的分解和新组织的合成,都需要营养物质供给。所谓家兔的维持需要,是指上述营养物质消耗的总和,简言之,即仅用于维持其生命所需要的营养物质量。

2. 生产需要 家兔消化吸收的营养物质,除去用于维持需要,其余部分则用于生产需要。家兔的生产需要可分为妊娠、泌乳、产肉和产毛需要。

(1)妊娠需要 妊娠母兔不仅为胎儿生长提供所有的营养物质,而且还沉积适量的营养物质,以满足产后泌乳的需要。妊娠期间母兔营养物质的供给主要取决于胎儿的生长速度。母兔在妊娠期对饲料营养物质的利用率明显高于空怀期,在低营养水平下尤为显著。据试验,能量和氮的利用率在低营养水平下,妊娠母兔比空怀母兔分别提高 18.1% 和 12.9%;在高营养水平下,则分别提高 9.2% 和 6.4%。

(2)泌乳需要 家兔和其他所有哺乳动物一样,乳汁成分完全,营养价值高,是仔兔断奶前赖以生存和生长的食物。母兔在泌乳期需要把很大一部分营养物质用于乳汁的合成,确定这部分营养物质需要量(泌乳需要)的基本依据是泌乳量和乳的营养成分。母兔的泌乳量在整个泌乳周期中不是恒定不变的,而是明显地呈抛物线状变化的,其中以第三与第四泌乳周为最大。另外,家兔乳汁营养成分随泌乳阶段而变化。初乳中各种营养成分的含量显著高于常乳。在常乳中,蛋白质、乳脂和灰分含量随泌乳阶段呈增高趋势;但乳糖含量则随泌乳期的延续,呈下降趋势。

母兔泌乳期间,其泌乳量和乳汁营养成分的变化是与仔兔生长发育规律相一致的。例如,在 3 周龄前,仔兔完全以母乳为生,母兔泌乳量随仔兔增大、吃奶量增加而增加;从4周龄开始,仔兔已从消化乳汁过渡到消化饲料,可从饲料中获取部分营养来源,于是母兔产乳量亦开始下降。母兔泌乳变化和仔兔生长发育规律是合理提供泌乳母兔营养的依据。

(3)生长需要 生长兔是指断奶(45日龄)到体成熟。从家兔生产和经济角度来看,生长兔的营养供给在于充分发挥生长优势,为产肉或者为以后的繁殖和产毛奠定基础。

(4)产毛需要 除了品种遗传因子外,饲料营养物质是影响兔毛产量和质量的主要因素。营养物质对产毛的影响发生在胚胎期和生后产毛期。

毛纤维在毛囊中形成,毛囊可分为初级毛囊和次级毛囊,前者形成较早,后者形成较晚。在胎儿形成次级毛囊时,母兔营养不足,则次级毛囊形成数少,兔毛密度低。出生后,营养物质的影响主要表现在毛的长度和毛纤维的直径上。据我们试验,日粮含硫氨基酸水平从 0.26% 提高到 0.52%,兔毛平均长度(75天)从 42.62 ± 10.66 毫米提高到 51.95 ± 11.06 毫米,提高了 21.89%;毛纤维平均直径从 15.3 ± 2.92 微米增加到 15.78 ± 2.59 微米,增加 0.48 微米。由于长度和直径的增加,产毛量有显著的增加,毛质也明显提高。

产毛量和毛的化学组成是毛用兔营养物质供给的基本依据。由于兔毛几乎完全由角质蛋白组成,所以毛用兔消化吸收的营养物质,特别是蛋白质,很大一部分用于兔毛蛋白的合成。就兔毛的化学组成而言,其基本特点是硫元素含量较高。据测定,兔毛中胱氨酸的含量范围为 $13.84\%\sim15.57\%$,蛋氨酸为 $1.08\%\sim1.18\%$。可见,毛用兔的饲养应注意含硫蛋白质的供给。

(二)家兔对营养物质的具体需要

1. 能量需要　家兔和其他单胃动物一样,能自动地调节采食量以满足其对能量的需要。不过,家兔自动调节的能力是有限度的,当日粮能量水平过低时,虽然它能增加采食量,但因消化道的容量有一定的限度仍不能满足其对能量的需要。若日粮能量过高,谷物饲料比例过大,则会出现大量易消化的碳水化合物,由小肠进入大肠,从而增加大肠的负担,出现异常发酵,其恶果轻则引起消化紊乱,重则发生消化道疾病。据美国报道,家兔在自由采食时其日粮可消化能水平(千焦/千克饲料)为:生长 10 460;维持 8 786.4;怀孕 10 460;哺乳 10 460。

值得注意的是,日粮中能量水平偏高,家兔会出现脂肪沉积过多而肥胖,对繁殖母兔来说,体脂过高对雌性激素有较大的吸收作用,从而损害繁殖功能。公兔过肥会造成配种困难等不良后果。此外,控制能量水平,可推迟后备母兔性成熟,对其以后的繁殖功能是有益的。对毛用兔,过高的能量供给不仅是个浪费,而且对毛的产量和质量会产生一定程度的不良影响。

2. 蛋白质需要　蛋白质是兔体的重要成分,如果日粮蛋白质水平过低,家兔的蛋白质采食量不能满足其生理需要,不利于兔体健康和生产性能的发挥。反之,日粮蛋白质水平过高、家兔蛋白质采食量过多,不仅造成浪费,还会产生不良影响:其一,家兔摄入蛋白质过多,蛋白质在小肠消化不充分就大量进入盲肠和结肠,使那里的正常微生物区系发生改变,非营养性微生物,特别是魏氏梭菌等病原微生物大量增殖,产生大量毒素,引起腹泻,导致死亡。其二,过多的饲料蛋白质消化产物(氨基酸)在兔体内脱去氨基,在肝脏合成尿素,通过肾脏将尿素排出体外,从而加重了这些器官的负担,于健康不利,甚至曾有蛋白质过多引起中毒的报道。在家兔饲料蛋白质供给上应注意必需氨基酸特别是蛋氨酸、赖氨酸等限制性氨基酸的供给量。据我们试验,毛用兔日粮中,采用11%豆饼、4%羽毛粉,以提高精氨酸含量,结果产毛量比单用15%豆饼的毛用兔提高15%。

另外,还须注意必需氨基酸之间相互拮抗的影响,已证明,胱氨酸含量过高可阻碍赖氨酸的吸收作用。据我们试验,日粮含硫氨基酸(主要是胱氨酸)含量高于0.8%时,出现产毛量及毛品质下降的现象,其原因可能是胱氨酸对赖氨酸的拮抗影响。此外,日粮赖氨酸含量过高,可促使精氨酸大量从尿中排出,导致精氨酸缺乏。可见,日粮中各种必需氨基酸的含量应力求保持平衡。

我们通过饲养试验,研究了中系安哥拉兔日粮粗蛋白质水平和产毛的关系,所得结果见表6-2。

表6-2 日粮粗蛋白质水平对中系安哥拉兔产毛的影响

日粮粗蛋白质含量(%)	13.85	16.20	17.65	19.40
平均产毛量(克)	51.5±2.8	62.0±3.0	62.0±2.2	53.7±2.5
优质毛比例(%)	42.0	54.0	44.5	41.5
二级毛比例(%)	22.0	14.5	18.5	24.5
三级毛比例(%)	15.0	15.5	15.5	17.5
次级毛比例(%)	21.0	16.0	21.5	16.5

注:平均产毛量为75天平均每只兔的产毛量

由表6-2可见,日粮粗蛋白质水平对产毛有明显的影响。

粗蛋白质水平在 16.2％时,产毛量最高,毛质亦最佳;而高于或低于这个数值均对产毛不利。

据我们测定,兔毛中所含必需氨基酸以含硫氨基酸(胱氨酸加蛋氨酸)含量最高,达 15.84％。但是以青粗饲料为主的农家日粮中,测定含硫氨基酸含量仅为 0.26％,二者相差悬殊。曾用中系安哥拉兔做过一个饲养试验,其结果见表 6-3。

表 6-3　日粮含硫氨基酸水平与产毛的关系

含硫氨基酸含量(％)	0.54	0.74	0.84	0.94
平均产毛量(克)	48.1±2.8	62.0±3.0	72.5±3.3	64.8±4.0
优质毛比例(％)	28.0	54.0	57.0	50.0
二级毛比例(％)	27.0	14.5	12.0	15.0
三级毛比例(％)	24.0	15.5	13.0	15.0
次级毛比例(％)	21.0	16.0	18.0	20.0

注:平均产毛量为 75 天平均每只兔的产毛量

由表 6-3 可见,日粮含硫氨基酸从 0.54％增加到 0.84％时,产毛量和毛的品质均较理想;而超过 0.84％,则出现降低趋势。

鉴于我国德系安哥拉兔近年来发展迅速,我们又以德系安哥拉兔为对象,通过饲养试验研究了日粮粗蛋白质和含硫氨基酸含量与其产毛的关系,发现日粮粗蛋白质含量达 16.25％和含硫氨基酸含量达 0.85％时,产毛效果最好,即所得结果与中系安哥拉兔的试验结果完全一致。然而,能量要求二者相差悬殊。

3. 脂肪需要　脂肪是家兔能量的重要来源。而且脂肪酸中的十八碳二烯酸(亚麻油酸)、十八碳三烯酸(次亚麻油酸)和二十碳四烯酸(花生油酸)对家兔具有重要的作用(特别是幼兔),但在兔体内又不能合成,必须由饲料脂肪供给,故称之为必需脂肪酸。必需脂肪酸在体内的作用是非常复杂的,缺乏时会发生生长发育不良,脱毛和公兔精细管退化,精子发育不良和副性腺退化等不良现象。此外,饲料中的脂溶性维生素(A,D,E,K)必须溶于脂肪中,才能被兔体吸收和利用。所以,日粮在缺乏脂肪的情况下,即使供给足量的脂溶性维生素,也会发生维生素缺乏症。

脂肪是家兔日粮中不可缺少的成分。就家兔对其需要而言,幼龄兔需要量特别高,故家兔乳中含脂肪高达 12.2%;成年兔因大肠微生物能合成多量的脂肪酸,故需要量相对较低。一位法国家兔营养学家于 1980 年提出,家兔的日粮脂肪含量,生长兔、怀孕兔维持量均为 3%,而哺乳母兔为 5%。应该指出的是,若用动物脂肪作为日粮脂肪的来源,可能会产生不良影响。如近年来许多研究的结论是,家兔日粮加入 5% 以上的牛油,不仅使增重减少,而且导致家兔精神不振,屠体脂肪含量增加和蛋白质含量减少。我们为一些毛用兔场提供的配方中,脂肪主要是植物性脂肪,含量为 2% ~ 5%,多年来未曾发现任何不良影响。

4. 维生素需要　维生素是一类低分子有机化合物,在家兔体内含量甚微,大多数参与酶分子构成,发挥生物学活性物质作用。家兔大肠微生物(主要是盲肠细菌)能利用食糜有机物合成维生素 K 和 B 族维生素,通过食软粪途径,全部或部分地满足家兔对它们的需要。此外,家兔的皮肤在光照下,能合成维生素 D,满足其对维生素 D 的部分需要。家兔所需要的其他维生素则完全依赖饲料提供。家兔所需的维生素中,除维生素 A,维生素 D,维生素 E,维生素 K 外,其余均溶解于水。现分述于下。

(1)脂溶性维生素

①维生素 A 家兔体内的维生素 A 是从饲料中吸收的维生素 A 原(胡萝卜素)转化而成的。维生素 A 在家兔体内发挥多种生理生化作用:一是参与感光过程。感光过程与视网膜中的视紫质有关,而视紫质由维生素 A 的醛衍生物同视蛋白结合而成。所以维生素 A 缺乏可引起家兔视力障碍。二是保护上皮组织结构的完整和健全。在缺乏维生素 A 的情况下,多糖类物质合成受阻,从而引起上皮组织干燥和过度角化,易发生细菌感染,对眼和生殖器官影响较为明显,表现为干眼病和繁殖功能下降。三是促进幼兔生长。维生素 A 与激活氨基酸的酶和成骨细胞的正常活性有关,不足时,体蛋白的合成和骨骼的发育受阻,幼龄兔明显表现为生长缓慢、共济失调和麻痹等症状。四是参与性激素的合成。维生素 A 不足,母兔性功能紊乱,公兔精液品质下降。

就家兔对维生素 A 的需要量,人们做了大量的研究。据报道,母兔生长期及种用公兔每日每千克体重需维生素 A 8 微克,相当于每千克日粮含维生素 A 580 单位;繁殖母兔每日每千克体重需 14 微克,相当于每千克日粮含维生素 A 1 160 单位,并认为这个需要量可接近 20 微克,相当于每千克日粮含维生素 A 1 657 单位。上述数据已被美国国家研究委员会采用。

②维生素 D 饲料中的维生素 D 不足,可引起佝偻病症状,故称抗佝偻病维生素。因小肠黏膜中运载钙离子的蛋白质是在维生素 D 参与下形成的,维生素 D 不足时,这种蛋白质合成受阻,钙吸收困难。又因钙的吸收能间接地促进磷的吸收,钙吸收不良,则磷的吸收也不佳。因此,维生素 D 缺乏

可使骨组织增长所需的主要元素钙、磷来源不足。此外,维生素D具有促进磷在肾小管重新吸收的作用,缺乏时,大多数磷便随尿排出体外。

在阳光作用下,兔的皮肤能合成维生素D_3。但是,合成量通常不能满足兔体的需要,特别是舍内饲养的毛用兔,其所需维生素D应完全由饲料供给。据报道,每千克日粮含900单位维生素D可满足需要。

不过,日粮中维生素D含量过高可引起家兔中毒,家兔饲喂每千克含23 000单位维生素D的日粮时,血液中钙、磷浓度增高,软组织发生钙化。

③维生素E　维生素E又称生育酚。参与组织细胞的呼吸过程以及磷酸化反应、核酸代谢和抗坏血酸的合成,同时还参与维持正常的繁殖功能和横纹肌的发育,以及促甲状腺激素、肾上腺皮质激素和性激素的合成。在细胞内具有生物学上的抗氧化作用。

由于维生素E在兔体内具有多种生理生化功能,其缺乏症状亦相对复杂。但主要症状是:肌肉营养不良,心肌变性,脂肪肝,幼兔瘫痪,种兔发育不良和新生仔兔死亡等。

家兔的维生素E需要量与下列因素有关:一是日粮中不饱和脂肪酸含量高和硒含量低,应增加维生素E的需要量;二是维生素A含量过高,会破坏维生素E,从而增加需要量;三是由球虫病引起肝脏损害的家兔体内维生素E含量可下降1/3。综上所述,家兔维生素E的确切需要量较难制定,一般认为,每千克日粮含40毫克便可满足家兔的需要。

④维生素K　主要功用是催化肝脏中凝血酶原和凝血激活酶的合成。故维生素K缺乏时,凝血不良,易发生出血现象。维生素K是萘醌衍生物,已知有3种:K_1(叶绿醌),存在

于植物性饲料中；K_2，系动物消化道微生物合成；K_3（甲萘醌），为人工合成。一些研究表明，家兔肠管细菌合成的维生素 K 是可以满足正常生长需要的，但是，繁殖兔还需要在日粮中补加维生素 K。怀孕母兔饲以缺乏维生素 K 的日粮，会发生胎儿出血和青年兔流产的现象，每千克日粮含 2 毫克维生素 K 足以防止出血和流产。

上述脂溶性维生素一般在兔体内有一定的贮存量，故短期内缺乏，家兔不表现出缺乏症状，但长期饲喂缺乏该类维生素的日粮就应考虑及时补充。

（2）水溶性维生素　属于水溶性维生素的有 B 族维生素和维生素 C。B 族维生素包括硫胺素（维生素 B_1）、核黄素（维生素 B_2）、泛酸（维生素 B_3）、吡哆素（维生素 B_6）、烟酸（维生素 PP）、胆碱、生物素和钴胺素（维生素 B_{12}）等。水溶性维生素很少或几乎不在体内贮备，短时期的缺乏就会降低体内一些酶的活性，阻抑相应的代谢过程，影响生产力和抗病力。然而，家兔大肠微生物能合成一定数量的 B 族维生素，其肝脏和肾脏能合成足够数量的维生素 C，所以家兔水溶性维生素缺乏症一般不会发生。尽管如此，仍必须考虑这类维生素的供给问题。

①硫胺素　硫胺素是兔体内羧化酶的组成成分。羧化酶使兔体组织中丙酮酸转化为乙酸盐。丙酮酸过量对神经系统能产生不良影响，甚至发展为多发性神经炎。此外，硫胺素还参与蛋白质代谢，其中包括氨基酸的转移过程。微生物合成硫胺素的量不能完全满足家兔需要，长期饲喂缺乏硫胺素的日粮，家兔会出现运动失调等症状。

②核黄素　核黄素是黄素酶的辅基。黄素酶在体内呼吸过程中传递氢。因此，核黄素不足，有机物氧化受阻，能量释

放困难。冬季家兔需要大量的能量维持体温,故核黄素的需要相应增多。此外,人们发现核黄素参与家兔对饲料蛋白质和氨基酸的利用,缺乏核黄素,会引起繁殖功能降低。由于核黄素能在家兔大肠内由细菌合成,所以一般不会发生核黄素缺乏。但对生长兔,每千克日粮中应含核黄素6毫克。

③泛酸 泛酸作为辅酶A的组成成分存在于细胞中。辅酶A是乙酰作用的辅酶。泛酸不足则影响辅酶A的合成,从而使机体代谢过程发生紊乱。泛酸还参与性激素的合成。此外,泛酸是兔肠管微生物的生长因子(促进微生物增殖),而微生物本身又合成B族维生素,所以泛酸对整个B族维生素合成有明显的影响。一般来说,在通常的家兔饲料条件下,由于大肠微生物合成泛酸,不会发生泛酸缺乏现象。但对生长兔,每千克日粮泛酸含量应达20毫克。

④吡哆素 吡哆素在动物体内以吡哆醛的形式参与氨基酸代谢酶的辅酶形成,从而在氨基酸代谢中起着重要作用。此外,还参与脂肪和碳水化合物代谢。据报道,家兔缺乏吡哆素,生长速度下降,并出现皮肤和神经异常症状。日粮中加入39微克吡哆素,则可预防其缺乏症发生。

⑤烟酸 烟酸参与脱氢酶辅酶的组成。这种酶在氧化有机物时起催化脱氢反应。烟酸缺乏可导致家兔癞皮病,以及消化器官和神经性活动失调等症状。美国国家研究委员会指出,生长兔每千克日粮需含烟酸180微克,但对维持、怀孕和哺乳的需要量尚未确定。

⑥胆碱 胆碱的基本功能是防止肝脏发生脂肪浸润(脂肪肝)。此外,还促进磷脂在肠壁的形成,加速脂肪的吸收,形成乙酰胆碱(神经兴奋介质)。家兔胆碱缺乏会出现生长缓慢,脂肪肝或肝脏硬化和肾小管坏死等症状。曾有报道,家兔

胆碱缺乏,还会产生贫血和肌肉营养不良,在家兔体内,胆碱可以由蛋氨酸合成,但合成量不足以满足其需要。美国国家研究委员会确定,生长兔每千克日粮应含胆碱1.2克。

⑦生物素 生物素在饲料中常与赖氨酸结合,在动物细胞中呈游离状态或与蛋白质结合。它是中间代谢过程中催化羧化反应的许多酶的辅酶。家兔较长时间饲喂生鸡蛋蛋白质,可发生生物素缺乏,出现脱毛和皮炎症状。

⑧钴胺素 钴胺素的主要作用是维持骨髓的正常造血功能。缺乏时可引起贫血、生长不良和繁殖功能紊乱,皮毛蓬松。在日粮中含足量无机钴的情况下,家兔大肠合成的钴胺素能满足兔体需要。生长兔消化道微生物合成能力相对较弱,生长兔每千克日粮应含钴胺素0.01毫克。

5. 矿物质需要 关于家兔的矿物质需要,以钙和磷的研究较为详细。根据矿物质在兔体内的含量可将所需元素分为常量元素和微量元素两大类。

(1)常量元素

①钙和磷 钙和磷绝大部分存在于骨骼中(钙99%,磷80%～87%),主要以磷石灰的形式参与骨组织的形成。此外,钙参与消化、血液循环和磷、镁、氮的代谢,并为心脏正常工作和肌肉运动所必需。磷是核酸、磷脂、磷蛋白和其他化合物的成分,调节蛋白质、碳水化合物和脂肪的代谢,可以说,没有磷的参与,兔体组织中任何一个生化过程都不能进行。

家兔在钙代谢上与其他动物明显不同:第一,血钙水平可以反映出饲料中钙的含量;第二,钙要通过泌尿系统排泄,而其他动物则主要通过消化道排泄。在饲料磷的利用上,非草食性动物不能有效地消化和吸收饲料中的植酸磷,而家兔可借大肠微生物的植酸酶分解植酸,使其所含磷得到充分的利用。钙和磷在体内共同参与骨的构成,二者代谢密切相关。因此,家兔日粮中钙和磷应有适宜的比例。美国国家研究委员会提出,日粮钙和磷的含量:生长兔分别为 0.4% 和 0.22%;怀孕兔为 0.45% 和 0.37%;哺乳兔则为 0.75% 和 0.5%。

②钠和氯　钠参与骨骼的构成,是正常组织结构和维持渗透压所必需的矿物元素。此外,对水、脂肪、氯和其他矿物质代谢均有影响。氯在体内维持各种体液的渗透压,为胃黏膜分泌盐酸提供原料,故与消化功能有关。有关家兔对钠和氯的需要量缺乏精确的测定数据,通常在日粮中加入 0.5% 氯化钠便可完全满足家兔对这两种元素的需要。

③钾　钾在维持细胞内液渗透压和神经兴奋的传递过程中起着重要作用。家兔缺乏钾会发生严重的进行性肌肉营养不良等病理变化。钾是钠的拮抗物,所以二者在代谢上密切相关,据实验测定,日粮中钾与钠的比例为2～3∶1对机体最为有利。常用的兔饲料富含钾元素,日粮中不需补钾,一般也不会发生缺乏现象。

④镁　家兔体内 60% 以上的镁存在于骨骼和肌肉中,与钙、磷代谢密切相关。镁在兔体内激活焦磷酸酶、胆碱脂酶和三磷酸腺苷酶,在消化道激活肠二肽酶、胰脂肪酶和凝乳酶,所以镁缺乏可影响家兔对饲料的利用和发生生长不良等现象。镁缺乏的另一个特征是神经、肌肉兴奋性提高,可发生痉挛。据报道,每千克日粮含镁量低于 5.6 毫克时,家兔会出现脱毛,耳朵变白,兔毛组织结构不良、光泽差等不良现象。研究表明,家兔日粮含镁量应为 300～400 毫克/千克。

⑤硫　家兔体内硫主要以蛋氨酸、胱氨酸和半胱氨酸等形式存在。此外,硫胺素、生物素、粘多糖、软骨素、性激素和谷胱甘肽过氧化物酶等也含有硫元素。硫的主要作用是通过

体内含硫有机物实现。例如,含硫氨基酸是合成体蛋白和兔毛角质蛋白的原料;硫是多种激素的组成成分;硫作为粘多糖的成分,参与胶原与结缔组织的代谢等。许多研究证明,成年家兔肠微生物具有一定的转化无机硫(硫酸盐等)为蛋白硫的能力。我们发现,4月龄的家兔,盲肠微生物已能利用无机硫合成含硫氨基酸。一般每千克日粮需添加 15 毫克硫。如用硫酸铜则为 15÷20％＝75 毫克。

(2)微量元素 这类元素虽然在家兔体内含量甚微,但是在某些生理生化过程中是不可缺少的。

①铁 铁是体内血红蛋白、肌红蛋白、氧化酶和无机化合物的组成成分。若不足,则发生小红细胞、低血红蛋白性贫血和其他不良现象。由于铁广泛分布于各种饲料中,家兔肝脏具有很强的贮铁能力,所以一般不会发生铁缺乏的现象。

②铜 铜参与造血和组织呼吸过程。铜还是某些酶的组成成分或激活剂。铜与骨骼的正常发育、繁殖和中枢神经系统功能等密切相关。另外,参与毛纤维角化最终过程。铜缺乏,家兔会发生贫血、有色毛脱色、骨发育异常等现象。家兔对铜的需要量为每千克日粮含 3～5 毫克。据报道,每千克日粮中加入 200 毫克硫酸铜,能促进幼兔的生长。另外,铜缺乏可使毛囊失去给予毛纤维弯曲的能力,长出的毛是直的。

③锌 锌是兔体内多种酶的成分,如红细胞中的碳酸酶、胰液中的羧肽酶等。锌与胰岛素相结合,形成络合物,能延长其作用时间。据报道,幼兔饲以含 0.2 毫克/千克锌的日粮,可发生缺乏症状——采食量减少、体重减轻、脱毛、皮炎和繁殖功能受阻等。饲喂低于 3 毫克/千克锌的日粮,可观察到相似的缺乏症状。有人推荐,家兔日粮应含锌 50 毫克/千克。据我们试验,以含 20 毫克/千克的日粮饲喂家兔,未观察到任

何不良现象。应指出的是,对植酸含量较高的日粮,应适当增加锌的补加量,因为锌与植酸可形成难于消化吸收的盐类。

④钴　钴是维生素 B_{12} 的组成成分,并以钴离子形式参与造血。家兔大肠微生物利用钴合成维生素 B_{12} 的效率比反刍动物高,而且吸收效率亦高。家兔对钴需要量极微。有人用含钴少于 0.03 毫克/千克的日粮喂兔,未发生任何缺钴症状。因此,在正常的饲料条件下,家兔不会发生钴缺乏。

⑤锰　锰参与骨组织基质中的硫酸软骨素形成,所以是骨骼正常发育所必需的元素。锰与繁殖及碳水化合物和脂肪代谢有关。家兔缺锰表现为骨骼发育不良。研究表明,成年兔和生长兔的日粮中锰含量分别需要达到 2.5 毫克/千克和 8.5 毫克/千克。

⑥钼　钼是体内黄嘌呤氧化酶和硝酸还原酶的组成成分,并且是消化道微生物酶的组成成分,与微生物消化有关。在通常情况下,家兔不会发生钼的缺乏或过量现象。

⑦碘　碘的作用在于参与甲状腺素、三碘酪氨酸和四碘酪氨酸的合成。家兔对碘的需要量尚未测定。据报道,碘摄入过多,会导致家兔大量死亡。缺碘时会引起甲状腺肿大。最适宜含量为每千克日粮 0.2 毫克。

⑧硒　硒是动物体内谷胱甘肽过氧化酶的成分。这种酶可分解机体代谢过程中产生的过氧化物。然而,研究表明,家兔防止过氧化物损害,主要依赖于维生素 E,而不是硒。

6. 粗纤维需要　家兔是草食动物,其消化道在进化过程中形成了能有效地利用植物饲料的生理特点,同时也产生了对植物纤维的生理需要。植物纤维在家兔消化和营养上的作用有以下两方面:一是提供能量。饲料粗纤维在大肠内经微生物发酵产生挥发性脂肪酸,这些低级脂肪酸在大肠被吸收,在体内氧化产能或用作合成兔体物质的原料。不过,家兔对粗纤维的消化能力并不像过去人们所认为的那样高,仅为14%。二是维持正常消化功能。家兔饲以高能量、高蛋白质日粮,往往事与愿违,不但不能产生加快生长的效应,反而导致消化道疾病。其主要原因是,未被消化的饲料纤维起着促进大肠黏膜上皮更新的作用。所以长期饲喂低纤维性日粮,消化道黏膜结构发生异常变化。此外,日粮粗纤维是保持食糜正常稠度,控制其通过消化道的时间和形成硬粪所必需。

有关家兔日粮的适宜粗纤维水平,迄今见解不一。有人提出,宜为12%~14%;有人提出,饲喂15%~20%粗纤维日粮的家兔,生长速度较快,发病率较低。我们曾以长毛兔进行饲养试验,研究了产毛量和日粮粗纤维水平的关系(表6-4)。研究结果表明,日粮粗纤维水平为14%,对产毛最为有利。

表 6-4   日粮粗纤维水平对德系安哥拉兔产毛量的影响

粗纤维水平(%)	12	14	16	18
平均产毛量(克)	161	194	153	98
优质毛(%)	51	83	76	68
次级毛(%)	27	7	14	20

注:日粮粗蛋白质、含硫氨基酸和可消化能水平分别恒定在16%,0.85%和
　　10 875千焦/千克;稻草粉作为日粮粗纤维的主要来源

此外,水也是家兔不可缺少的营养物质。

三、家兔的饲料和饲料添加剂

(一) 常用的饲料种类和主要养分含量

1. 青绿饲料　新鲜的饲用植物称为青绿饲料。常用的

兔用青绿饲料主要包括野生青草、蔬菜、苜蓿、紫云英等。这类饲料的特点是：①水分含量高，为 75%～90%；②粗纤维含量高，有效能含量低，干物质中粗纤维含量达 18%～30%，新鲜青绿饲料的可消化能含量仅为 1 255.2～2 510.4 千焦/千克；③蛋白质含量较高，禾本科青草和蔬菜按干物质计算，粗蛋白质为 13%～15%，豆科植物则为 18%～20%；④含有丰富的维生素，特别是维生素 A 原（胡萝卜素）可达 50～80 毫克/千克；⑤矿物质含量因土壤类型、施肥和生长期等因素而有明显差别。

2. 干草　通常在牧草生长旺季收割后通过日晒或其他方法使鲜嫩的牧草脱水，制成能长期贮存而不易变质的干草。干草的营养价值取决于牧草种类。另外，在晒干和贮存过程中均会发生营养损失，故营养价值一般低于新鲜牧草。晒干时的营养损失主要包括以下三方面。①化学变化。牧草收割后，其细胞不会立即死亡，在一段时间内仍进行着同化和异化过程，其结果可溶性碳水化合物（糖类等）被氧化成二氧化碳和水，少量蛋白质则降解成可溶性氨基酸，进而转化成氨气。②在晒干过程中，高温、日光、空气以及植物体自身的酶和微生物等均可引起部分营养损失。例如，日光可使一些色素氧化和破坏，其中胡萝卜素可从 150～200 毫克/千克（按干物质计算）下降到2～20毫克/千克。但是，日光照射可使麦角固醇转化为维生素 D_2，这是有利的一面。③机械损失。植物叶片易干燥、脱落，叶子的营养价值比茎秆高，所以叶片脱落可引起营养价值大幅度下降。

在干草贮存过程中，也可发生营养价值降低现象。因环境湿度不同，干草水分含量标准不一，南方为 14%，北方为17%。但是无论南方还是北方，由于种种原因，干草堆水分往往会升高到 20％～30％,在这种条件下,因微生物生长和植物酶的作用,使叶绿素脱镁,干草色泽由绿色变为黄色或褐色。此外,由于贮藏期间氧化产热,不仅损失能量,而且还可造成蛋白质的可消化性降低和胡萝卜素损失等现象。

兔是草食动物,可以利用的饲料资源很多,如野草、树叶、蔬菜茎叶、农作物秸秆等。这些将在第七章中专门加以介绍。

3. 藁秕饲料 藁秕饲料是农作物的副产品。成熟农作物的茎秆和叶称为藁秆,如稻草、麦秸、蚕豆秸和大豆秸等。植物籽实的外壳或内芯统称为秕壳,如稻谷壳、大豆壳和玉米芯等。这类饲料粗纤维含量高达 33％～45％,可消化能含量在 8 368 千焦/千克以下,蛋白质含量很低。

4. 能量饲料 能量是饲料有机物的一种表现形式。各种饲料所含有效能(可消化能和代谢能)多寡不一,基本上取决于粗纤维的含量。通常将粗纤维含量在 18％以上的饲料称为粗饲料,含量在 18％以下的饲料称为能量饲料。也有人将可消化能在 10 460 千焦/千克以上的饲料称为能量饲料,10 460 千焦/千克以下的称为粗饲料,并以 12 552 千焦/千克为衡量标准,区分为高能饲料和低能饲料。家兔常用的能量饲料有大麦、小麦、玉米和稻谷等。

5. 蛋白质补充饲料 一些富含蛋白质而有效能含量达到能量饲料标准的饲料,通常作为蛋白质补充饲料。蛋白质补充饲料根据其来源可划分为植物性和动物性两类。

植物性蛋白质补充饲料主要包括豆类(大豆、蚕豆和豌豆等)籽实和饼粕类(豆饼、棉籽饼、菜籽饼等)。在豆类籽实中,蛋白质含量达 20％～40％,并因含有多种植物油,可消化能含量显著高于禾本科籽实。二者维生素和矿物质含量大致相近。在蛋白质品质上,豆类富含赖氨酸(大豆、蚕豆和豌豆中的赖氨酸含量分别为 3.09%,1.80% 和 1.76%),而含硫氨基酸含量较低(大豆、蚕豆和豌豆中的含硫氨基酸分别为 0.92%,0.41% 和 0.92%)。饼粕类是榨油后的副产品,蛋白质含量高,并因残存油分,有效能含量也较高。例如,豆饼中的粗蛋白质含量为 43.59%,可消化能达 14 225.6 千焦/千克;菜籽饼中的粗蛋白质含量为 36%~42%,可消化能为 11 296.8~12 556.2 千焦/千克;棉籽饼含粗蛋白质 26.31%,可消化能为 9 497.7 千焦/千克。在这些植物性蛋白质补充饲料中,豆饼来源丰富,适口性较好,故是家兔配合饲料中最常用的蛋白质补充饲料,而菜籽饼和棉籽饼饲料因含有毒成分,一般很少喂兔。

动物性蛋白质补充饲料包括鱼粉、肉骨粉、蚕蛹粉和血粉等。粗蛋白质含量可高达 55.6%~84.7%,必需氨基酸含量亦高,而且比较平衡。但是,这类饲料气味较浓,家兔不喜欢采食,故在兔的配合饲料中其含量通常不超过 2%。

(二) 饲料中的有毒成分

在一些家兔常用饲料中不同程度地含有某些有毒成分。这些物质,有的阻碍营养物质的消化和吸收,有的则是干扰兔体的正常代谢。饲料毒物的毒性不仅取决于本身毒力,而且很大程度上还取决于它在饲料中的含量。当饲料含毒物质低于中毒临界水平时可安全饲用,不会引起不良后果;相反,高于临界水平时就会危害家兔的健康,甚至可造成中毒和死亡。因此,了解饲料有毒成分的性质和含量是很重要的。

1. 胰蛋白酶抑制因子　在许多饲料中存在着称为胰蛋白酶抑制因子的物质。这类物质在生化结构上是由氨基酸残基组成的多肽,它们在胃内不被破坏,进入小肠后与胰蛋白酶结合形成复合物,使胰蛋白酶失去活性。这种复合物在小肠中不会被分解,进入大肠后可被微生物降解,或者经粪便排出体外。因此,胰蛋白酶抑制因子不仅阻碍蛋白质消化,而且会使兔体丧失部分蛋白质(胰蛋白酶本身是一种必需氨基酸含量较高的兔体蛋白)。在家兔的常用饲料中,大豆的胰蛋白酶抑制因子含量特别高(可达 10.7 微克/克)。因此,家兔长时间饲喂生大豆可发生胰腺代偿性肿大和蛋白质消化不良现象,以生长兔最为明显,成年兔则危害较轻。然而高温处理可破坏胰蛋白酶抑制因子,在热榨豆饼中,胰蛋白酶抑制因子可降低到 3.4 微克/克;大豆煮熟(100℃)可基本上消除这种有害物质。

2. 致甲状腺肿物质 在高产油菜品种的菜籽饼中,芥子苷的含量高达 10%～13%。该类物质在饲料或动物体内芥子苷酶的作用下,可产生噁唑烷硫酮、硫氰酸酯和异氰酸酯。这些物质通过消化道被兔体吸收,可阻止甲状腺利用血液中的碘离子,使甲状腺素(三碘酪氨酸和四碘酪氨酸)合成受阻,引起甲状腺肿大和整个机体代谢紊乱。因此,菜籽饼虽然营养丰富,但其饲用价值受到限制。目前,浙江大学饲料科学研究所研制的一种菜籽饼(粕)解毒添加剂——6107,已广泛应用于畜禽菜籽饼的解毒,经解毒处理的菜籽饼可使其在配合饲料中的比例提高到 20%,经济效益和社会效益都很显著。此外,卷心菜和花椰菜等青饲料中也含有致甲状腺肿物质,但短期饲喂或不过量饲喂家兔不会引起甲状腺肿。

3. 棉酚 棉籽饼含有游离棉酚、棉酚紫和棉绿素等有害成分,其中游离棉酚占绝对比例,含量范围为 0.07%～0.24%。棉酚对家兔的毒害作用是引起体组织损害并降低繁殖功能。在棉籽饼中加入硫酸亚铁可有效地消除棉酚的毒害。在家兔日粮中棉籽饼比例适当(5%～10%)则可安全使用,但正在繁殖的公母兔不宜使用。

4. 植物性血凝素 这类物质主要存在于豆科植物中,能引起血球凝集,然而它在兔体内不被吸收,故不会损害血液循环系统,但可引起肠黏膜损伤和阻碍营养物质的吸收。经热处理(煮熟)后可破坏植物性血凝素。

5. 皂角苷 在某些豆科牧草(苜蓿)和菜籽饼中含有皂角苷,猪、鸡过多采食可引起生长不良和中毒现象,对家兔的影响有待试验观察。不过,由于其味极苦,可明显降低家兔对该种饲料的采食量。

6. 草酸盐 在某些青绿饲料(苋菜、菠菜等)中,草酸和草酸盐的含量较高。在消化道内,草酸可与钙结合成不溶性化合物——草酸钙,从而阻碍钙的吸收。被兔体吸收的草酸可与血清钙结合,发生沉淀,使血钙水平迅速下降,引起肌肉痉挛等症状。因此,对富含草酸盐的青绿饲料,应严加控制饲喂量,以免发生低钙症。

7. 霉菌毒素 在家兔饲养中,除了注意饲料中固有的有毒物质外,还必须防止饲料霉变。一些富含蛋白质的饲料是黄曲霉、灰曲霉等产毒霉菌生长的良好基质。家兔的黄曲霉素中毒,表现为食欲和饮水废绝,脱水和昏睡,继而发展为肝脏受损和黄疸。某些谷物饲料霉败后可产生桔霉素、柠檬色霉素、T_2 毒素和玉米赤霉烯酮等毒素。这些毒素会引起肾脏和肝脏损害、繁殖功能降低,甚至造成死亡。此外,麦角也是一种常见的霉菌性毒素,可危害中枢神经系统和平滑肌,同时还可造成血液循环障碍,引起坏疽,病兔表现为跛行和四肢疼痛等症状。三叶草在发生霉菌生长时,可使所含的香豆素转化成双香豆素,拮抗维生素 K,造成维生素 K 的缺乏症。

（三）饲料添加剂

家兔在舍饲条件下，所需的营养物质完全依赖于饲料供给。家兔的配合饲料，一般都能满足家兔对能量和蛋白质、粗纤维、脂肪等的需要。然而，一些微量营养物质常感缺乏，必须另行添加。为了使营养物质能高效率地转化成兔产品，配合饲料中必须加入促进生长和产毛等所需的物质。此外，还须加入预防常发病和防止饲料变质的制剂。这些添加物总称为饲料添加剂，按添加目的大致可分为以下几类。

1. 营养性添加剂 营养性添加剂包括维生素、氨基酸和微量元素等。目的在于弥补家兔配合饲料中这些养分的不足，同时为了提高配合饲料营养上的全价性。通常家兔饲料中必需氨基酸的含量与家兔需要量之间存在一定的差距，如蛋氨酸和赖氨酸明显少于需求量，需要直接添加。对毛用兔来说，饲料中精氨酸的供给量与需要量也有较大的差距。我们曾用富含精氨酸的羽毛粉作为动物蛋白饲料以满足毛用兔对精氨酸的需要，取得了显著的生产效果。家兔的盲肠微生物能利用食糜物质合成 B 族维生素和维生素 K，所以这类维生素一般不会缺乏，但脂溶性维生素 A，维生素 D，维生素 E 则必须由饲料供给。在不喂青绿饲料而以配合饲料为主的情况下，通常这 3 种维生素含量不足，需添加这些维生素制剂，尤其是在维生素消耗较多的夏季和对泌乳母兔更为重要。家兔饲料的矿物质含量与其需要量也往往不符，通常饲料中的钙和磷含量不足，需要添加。确定家兔配合饲料中添加矿物质的种类和数量应以饲料中矿物质含量的化验指标和家兔的矿物质需要量为依据。盲目滥用矿物质添加剂不仅会造成浪费，而且还会产生不良后果。此外，十八碳二烯酸（亚麻油酸)、十八碳三烯酸(次亚麻油酸)和二十碳四烯酸(花生油酸)是幼兔生长所必需的脂肪酸,在配合饲料中也应适量添加。菜油磷脂可作为这些脂肪酸的来源。

2. 促生长和保健添加剂 这类添加剂是非营养性添加剂,然而它能刺激家兔生长,提高饲料利用效率和改善健康状况。据英国试验,日粮中加入四环素、金霉素或维吉尼亚霉素对家兔生长有明显促进作用。日粮中加入适当剂量的抗生素能降低肠炎的发病率和死亡率;每千克日粮中加入 50 毫克杆菌肽锌盐也能降低家兔肠炎的发病率。曾有报道,日粮中加入 0.05%～0.1%磺胺二甲基嘧啶,或在饮水中加入 0.02%磺胺甲基嘧啶,或加入 0.02%～0.05%磺胺喹噁啉,均能有效地控制家兔球虫病。据我们试验,在每吨家兔日粮中加 90 克喹乙醇,能产生明显的促生长效应和降低腹泻的发病率。

3. 防霉剂 在梅雨季节配合饲料中加入防霉剂丙酸钠(剂量为 1 千克/吨),或丙酸钙(剂量为 2 千克/吨),或胱氢醋酸钠(剂量为 200～500 克/吨),均可有效地防止饲料霉烂变质。

4. 木质素、纤维素降解剂 一般常用作饲料的麸皮、米糠、粗糠等农副产品,富含 β-葡聚糖、木聚糖和纤维素等物质,这些物质严重阻碍动物对营养物质的消化和利用。劳兰安特罗斯有限公司生产的一种酶制剂——一口难舍酶(Econase)就能解决这一难题。该酶不仅能大幅度提高麸皮、米糠和粗糠等在饲料中的用量,降低饲料成本,而且还有促进兔生长和降低料肉比的明显效果。它的主要优点,首先是用量少,效果显著,建议用量仅为 0.2%,可降低饲料成本 7%～14%;其次是价格可以接受,每千克售价为人民币 11 元。外商委托浙江大学饲料科学研究所为中国代销单位。

5. 甜菜碱 甜菜碱是天然的化合物,存在于一切活的生物体中,无毒无害,在生物代谢过程中起着非常重要的作用。从化学结构看,甜菜碱是一种季铵型化合物,在甘氨酸的氮原子上有 3 个甲基,其化学结构牢固,可耐 200℃的高温,性质稳定。

在生产实践中,甜菜碱可替代蛋氨酸,优先提供甲基。饲料中适量添加甜菜碱后无须再添加蛋氨酸,可提高兔的采食量,促进生长,降低兔体对球虫病的感染率,提高抗球虫病药物的效果。建议用量为 0.1%,使用时先按建议用量将甜菜碱与少量的载体(如细麸皮、米糠或玉米粉等)混合,再和维生素、微量元素及其他添加剂混合搅拌均匀,然后拌入配合饲料中即可。该产品是浙江大学饲料科学研究所近年研制并生产的新型饲料添加剂。

四、家兔饲养标准

世界上养兔比较发达的国家都制定了自己的家兔饲养标准(国家标准)。1991 年中国农业科学院兰州畜牧研究所和江苏省农业科学院饲料食品研究所受国家有关部门的委托,制定了我国第一个家兔饲养标准《安哥拉长毛兔饲养标准》。但目前我国尚未制定统一的肉兔饲养标准。为了提高我国家兔的饲养水平,有必要借鉴发达国家的家兔饲养标准。因此,下面除介绍我国安哥拉长毛兔饲养标准外,还筛选了有一定代表性的美国、德国家兔饲养标准,供读者参考。然而,国外的标准是在特定的条件下制定的,不一定适合我国的饲养条件,应结合当地的实际情况有选择地借用某些可取的部分,或经过试验和实践后做某些调整,然后作为本地区和本兔场的肉兔饲养标准,切忌生搬硬套。

（一）我国制定的家兔饲养标准

我国制定的《安哥拉长毛兔饲养标准》推荐的日粮营养含量见表 6-5。

表 6-5　安哥拉长毛兔营养需要量——推荐的日粮营养成分含量

项　目	生　长　兔		妊娠母兔	哺乳母兔	产毛兔	种公兔
	断奶~3月龄	4~6月龄				
消化能（兆焦/千克）	10.46	10.04~10.46	10.04~10.46	10.88	9.83~10.04	10.04
粗蛋白质（%）	16~17	15~16	16	18	15~16	17
可消化蛋白质（%）	12~13	10~11	11.5	13.5	11	13
粗纤维（%）	14	16	14~15	12~13	17	16~17
粗脂肪（%）	3	3	3	3	3	3
蛋氨酸+胱氨酸（%）	0.7	0.7	0.8	0.8	0.7	0.7
赖氨酸（%）	0.8	0.8	0.8	0.9	0.7	0.8
精氨酸（%）	0.8	0.8	0.8	0.9	0.7	0.9
钙（%）	1.0	1.0	1.0	1.2	1.0	1.0
磷（%）	0.5	0.5	0.5	0.5	0.5	0.5
食盐（%）	0.3	0.3	0.3	0.3	0.3	0.3
铜（毫克/千克）	2~20	10	10	10	20	10
锌（毫克/千克）	50	50	70	70	70	70
锰（毫克/千克）	30	30	50	50	30	50
钴（毫克/千克）	0.1	0.1	0.1	0.1	0.1	0.1
维生素 A（单位）	8 000	8 000	8 000	10 000	6 000	12 000
胡萝卜素（毫克/千克）	0.83	0.83	0.83	1.0	0.62	1.2
维生素 D（单位）	900	900	900	1 000	900	1 000
维生素 E（毫克/千克）	50	50	60	60	50	60

资料来源:中国农业科学,1991,24(3)

（二）美国 NRC 家兔饲养标准

美国国家科学研究委员会（NRC）提出的家兔饲养标准见表 6-6。

表 6-6　自由采食兔的养分需要量　（每千克日粮的含量）

养　分	生　长	维　持	妊　娠	泌　乳
能量和蛋白质：				
消化能（兆焦）	10.46	8.79	10.46	10.46
总消化养分（%）	65	55	58	70
粗纤维（%）	10～12	14	10～12	10～12
脂肪（%）	2	2	2	2
粗蛋白质（%）	16	12	15	17
矿物质：				
钙（%）	0.4	未测定	0.45	0.75
镁（毫克）	300～400	300～400	300～400	300～400
钾（%）	0.6	0.6	0.6	0.6
钠（%）	0.2	0.2	0.2	0.2
氯（%）	0.3	0.3	0.3	0.3
磷（%）	0.22	未测定	0.37	0.5
铜（毫克）	3	3	3	3
碘（毫克）	0.2	0.2	0.2	0.2
铁（毫克）	未测定	未测定	未测定	未测定
锰（毫克）	8.5	2.5	2.5	2.5
锌（毫克）	未测定	未测定	未测定	未测定
维生素：				
维生素 A（单位）	580	未测定	＞1160	未测定

养 分	生 长	维 持	妊 娠	泌 乳
胡萝卜素(毫克)	0.83	未测定	0.83	未测定
维生素 D(单位)	未测定	未测定	未测定	未测定
维生素 E(毫克)	40	未测定	40	40
维生素 K(毫克)	不详	不详	0.2	不详
烟酸(毫克)	180	不详	不详	不详
吡哆素(毫克)	39	不详	不详	不详
胆碱(克)	1.2	不详	不详	不详
氨基酸(%)：				
赖氨酸	0.65	不详	不详	不详
蛋氨酸＋胱氨酸	0.6	不详	不详	不详
精氨酸	0.6	不详	不详	不详
组氨酸	0.3	不详	不详	不详
亮氨酸	1.1	不详	不详	不详
异亮氨酸	0.6	不详	不详	不详
苯丙氨酸＋酪氨酸	1.1	不详	不详	不详
苏氨酸	0.6	不详	不详	不详
色氨酸	0.20	不详	不详	不详
缬氨酸	0.70	不详	不详	不详
甘氨酸	未测定	不详	不详	不详

资料来源：徐立德译. 养兔文库 3. 家兔的营养需要(NRC). 中国养兔杂志编辑部,1994

(三) 德国家兔饲养标准

德国使用的家兔饲养标准见表 6-7。

表 6-7　德国家兔颗粒饲料养分含量 　（每千克饲料含量）

养 分 种 类	育 肥 兔	种　兔	产 毛 兔
可消化能(兆焦)	12.0	11.0	9.6～11.0
可消化总养分(克)	650	600	550～600
粗蛋白质(%)	16～18	15～17	15～17
粗脂肪(%)	3～5	2～4	2
粗纤维(%)	9～12	10～14	14～16
氨基酸:			
赖氨酸(%)	1.0	1.0	0.5
蛋氨酸＋胱氨酸(%)	0.4～0.6	0.7	0.6～0.7
精氨酸(%)	0.6	0.6	0.6
矿物质:			
钙(%)	1.0	1.0	1.0
磷(%)	0.5	0.5	0.3～0.5
镁(毫克)	300	300	300
钠(%)	0.5～0.7	0.5～0.7	0.5
钾(%)	1.0	1.0	0.7
铜(毫克)	20～200	10	10
铁(毫克)	100	50	50
锰(毫克)	30	30	10
锌(毫克)	50	50	50
维生素:			
维生素 A(单位)	8 000	8 000	6 000
维生素 D(单位)	1 000	800	500
维生素 E(毫克)	40	40	20
维生素 K(毫克)	1	2	1

养分种类	育肥兔	种 兔	产毛兔
胆碱（毫克）	1500	1500	1500
烟酸（毫克）	50	50	50
吡哆素（毫克）	400	300	300
生物素（毫克）	—	—	25

资料来源：陈开松等．养兔新说．上海：上海科学技术文献出版社，1987

五、饲料营养成分与营养价值

饲料营养成分与营养价值数据是科学养兔的基本依据，它和家兔饲养标准（营养需要），是配制家兔日粮的主要依据。一般来说，饲料成本可占生产成本的 70% 左右，如能选择适当的饲料和科学的配方，则可最大限度地降低生产成本。

饲料营养成分可以在实验室直接测定，而营养价值则须进行动物饲养试验取得所需数据，如消化能、代谢能、可消化蛋白等。同一种饲料由于产地不同、收割季节不同、加工方法和该饲料的商品等级不同，其营养成分各异。不仅如此，因饲喂的动物不同其营养价值的差异就更大。如同一种苜蓿草粉，猪的消化能为 6110 千焦/千克，而兔的消化能则为 9850 千焦/千克，因为兔是草食动物，消化粗饲料的能力比猪强。

为方便家兔饲养场和养兔户科学配制家兔日粮，特选择了 24 种家兔常用饲料，列出其营养成分和营养价值、必需氨基酸和微量元素含量参考值（表 6-8，表 6-9，表 6-10）。其营养成分和营养价值主要参考 1995 年修订的《中国饲料数据库》和《浙江省地方饲料资源营养成分实测》。维生素在大部分饲料中含量甚微，故而省略。

表 6-8　家兔常用部分饲料成分及营养参考值

名　称	干物质（%）	粗蛋白质（%）	粗脂肪（%）	粗纤维（%）	粗灰分（%）	钙（%）	磷（%）	消化能（千焦/千克）
玉　米	86.0	8.7	3.6	1.6	1.4	0.02	0.27	14270
高　粱	86.0	9.0	3.4	1.4	1.8	0.13	0.36	13050
小　麦	87.0	13.9	1.7	1.9	1.9	0.17	0.41	14230
大　麦	87.0	11.0	1.7	4.8	2.4	0.09	0.33	13220
稻　谷	86.0	7.8	1.6	8.2	4.6	0.03	0.36	12640
粟(谷子)	86.5	9.7	2.3	6.3	2.7	0.12	0.30	12550
小麦麸	87.0	15.7	3.9	8.9	4.9	0.11	0.92	12180
米　糠	87.0	12.8	16.5	5.7	7.5	0.07	1.43	13770
大豆饼	87.0	40.9	5.7	4.7	5.7	0.30	0.49	14100
棉籽饼	88.0	40.5	7.0	9.7	6.1	0.21	0.83	13220
菜籽饼	88.0	34.3	9.3	11.6	7.7	0.62	0.96	13140
花生饼	88.0	44.7	1.4	11.8	7.3	0.65	1.07	14390
向日葵饼	88.0	29.0	7.2	5.9	5.1	0.25	0.53	8790
鱼粉(国产)	88.0	52.5	11.6	0.4	20.4	5.74	3.12	12890
鱼粉(进口)	88.0	62.8	9.7	1.0	14.5	3.87	2.76	12970
猪血粉	88.0	82.8	0.4	—	3.2	0.29	0.31	12970
啤酒糟	88.0	24.3	5.3	13.4	4.2	0.32	0.43	14890
豆腐渣	97.2	27.5	8.7	13.6	9.9	0.22	0.26	16318
苜蓿干草	91.0	20.3	2.3	25.0	9.1	1.71	0.17	7468
青干草	87.5	10.17	1.76	27.48	8.68	0.29	0.12	4627
玉米秸	66.7	2.8	1.9	18.9	5.3	0.39	0.23	8163
小麦秸	89.0	3.1	—	42.5	—	—	—	3184
黄豆秸	87.7	4.6	2.1	40.1	—	0.74	0.12	8280
稻草粉(早)	84.2	5.55	1.69	21.49	11.97	0.28	0.08	5410

表 6-9　家兔常用部分饲料必需氨基酸含量参考值　（％）

名　称	粗蛋白质	赖氨酸	蛋氨酸	胱氨酸	苏氨酸	亮氨酸	异亮氨酸	精氨酸	缬氨酸	组氨酸	色氨酸
玉　米	8.7	0.24	0.18	0.20	0.30	0.93	0.25	0.39	0.38	0.21	0.07
高　粱	9.0	0.18	0.17	0.12	0.26	1.08	0.35	0.33	0.44	0.18	0.08
小　麦	13.9	0.30	0.25	0.24	0.33	0.80	0.44	0.58	0.56	0.27	0.15
大　麦	11.0	0.42	0.18	0.18	0.41	0.91	0.52	0.65	0.64	0.15	0.10
稻　谷	7.8	0.29	0.19	0.16	0.25	0.58	0.32	0.57	0.46	0.15	0.10
粟（谷子）	9.7	0.15	0.25	0.20	0.35	1.15	0.36	0.30	0.42	0.20	0.17
小麦麸	15.7	0.58	0.13	0.26	0.43	0.81	0.46	0.97	0.63	0.39	0.20
米　糠	12.8	0.74	0.19	0.16	0.48	0.88	0.63	1.06	0.81	0.39	0.14
大豆饼	40.9	2.38	0.59	0.61	1.41	2.69	1.53	2.47	1.66	1.08	0.63
棉籽饼	40.5	1.56	0.46	0.78	1.27	2.31	1.29	4.40	1.69	1.00	0.43
菜籽饼	34.3	1.28	0.58	0.79	1.35	2.17	1.19	1.75	1.56	0.80	0.40
花生饼	44.7	1.32	0.39	0.38	1.05	2.36	1.18	4.60	1.28	1.31	0.42
向日葵饼	29.0	0.96	0.59	0.43	0.98	1.76	1.19	2.44	1.35	0.62	0.28
鱼粉（国产）	52.5	3.41	0.62	0.38	2.13	3.67	2.11	3.12	2.59	0.91	0.67
鱼粉（进口）	62.8	4.90	1.84	0.58	2.61	4.84	2.90	3.27	3.29	1.45	0.73
猪血粉	82.8	6.67	0.74	0.98	2.86	8.38	0.75	2.99	6.08	4.40	1.11
啤酒糟	24.3	0.72	0.52	0.35	0.87	1.08	1.18	0.98	1.66	0.51	—
豆腐渣	27.5	1.44	0.32	0.33	1.01	1.89	1.07	1.43	1.28	0.56	1.18
苜蓿干草	20.3	0.73	0.28	0.18	0.75	1.30	0.84	0.75	1.04	0.35	0.45
青干草	10.17	0.22	0.17	0.13	0.88	—	2.94	0.51	1.03	0.19	0.14
玉米秸	2.8	0.06	0.03	0.03	—	—	0.25	0.10	0.08	0.04	0.03
小麦秸	3.1	0.07	0.06	0.02	0.15	—	0.19	0.80	0.11	0.04	—
黄豆秸	4.6	0.16	0.07	0.06	0.20	—	0.04	0.22	0.20	0.12	0.10
稻草粉（旱）	5.55	—	—	—	—	—	—	—	—	—	—

表 6-10　家兔常用部分饲料中微量元素含量参考值　（毫克/千克）

名　　称	铁	铜	锰	锌	硒
玉　米	38	5.5	5.9	18.7	—
高　粱	87	7.6	17.1	20.1	<0.05
小　麦	88	7.9	45.9	29.7	0.05
大　麦	87	5.6	17.5	23.6	0.06
稻　谷	40	3.5	20.0	8.0	0.04
粟(谷子)	270	24.5	22.5	15.9	0.08
小麦麸	170	13.8	104.3	96.5	0.07
米　糠	304	7.1	175.9	50.3	0.09
大豆饼	187	19.8	32.0	43.4	0.04
棉籽饼	266	11.6	17.8	44.9	0.11
菜籽饼	687	7.2	78.1	59.2	0.29
花生饼	347	23.7	36.7	52.5	0.06
向日葵饼	614	45.6	41.5	62.1	0.09
鱼粉(国产)	670	17.9	27.0	123.0	1.77
鱼粉(进口)	219	8.9	9.0	96.7	1.93
猪血粉	2800	8.1	2.3	14.0	0.70
啤酒糟	274	20.1	35.6	28.0	0.60
豆腐渣	—	6.6	20.5	24.9	—
苜蓿干草	309	8.2	28.0	17.0	0.60
青干草	370	13.6	52.3	60.2	—
玉米秸	320	8.6	33.5	20.0	—
小麦秸	—	8.1	35.0	6.0	—
黄豆秸	—	9.6	32.5	23.4	—
稻草粉(旱)	260	6.9	25.8	20.0	—

六、全价日粮的配合与加工

日粮是指一只家兔一昼夜所采食的各种饲料量。按日粮中所需各种饲料的比例配得的混合料称为配合饲料。根据饲料中各种有效营养物质的含量和家兔对各种营养物质的需要,通过精确计算而配得的饲料称为全价饲料或全价配合饲料。需要指出的是,虽然家兔的全价饲料的配合以营养需要量和饲料营养价值表为科学依据,但是这两者仍在不断研究和完善过程中。因此,应用现有资料配合的全价饲料应通过实践检验,根据实际饲养效果因地制宜地做些修正。

(一)全价饲料的配合原则

家兔全价饲料的配合,除了按不同生产类型家兔的营养需要和饲料营养成分表为依据外,还需考虑以下几个方面。

1. 适口性 选用家兔喜欢采食的饲料,使配成的饲料具有适口性。

2. 经济实惠 根据当地饲料资源、价格和营养成分含量,选用来源广泛、价格低廉和营养成分含量高的饲料。

3. 符合家兔消化生理特点 家兔是草食性动物,其饲料必须含有相当比例的粗饲料,其中不易消化的粗纤维应有一定的比例。

4. 营养物质含量与有效能水平 家兔与其他家畜一样,采食量以满足其能量需要为基础,所以其他营养物质只有与能量需要成一定比例的情况下才能避免发生采食过量或不足的现象。

(二)饲料配合方法

饲料配合方法较多,其中以试差法较为实用。现以成年安哥拉种公兔的饲料配合为例,介绍如下。

1. 首先列出营养需要量 根据我国近年制订的《安哥拉长毛兔饲养标准》和常用饲料营养成分表,成年安哥拉种公兔每天每只的营养需要量为:干粉饲料 180 克,消化能 1 807 千焦(10.04 兆焦/千克×10^3×0.18),粗蛋白质 30.6 克(180 克×17%),含硫氨基酸(蛋氨酸+胱氨酸)1.26 克(180 克×0.7%),粗纤维 28.8 克(180 克×16%),钙 1.8 克(180 克×1%),磷 0.9 克(180 克×0.5%)。

2. 换算出 180 克粗饲料所含营养成分 兔用粗饲料应考虑提供易消化和难消化的粗纤维饲料的来源和比例。根据我们的实践经验,前者可采用小麦麸,约占日粮 15%,即 27克(180 克×15%);后者可选用稻草粉或其他干草粉。其营养成分详见表 6-11。

表 6-11　小麦麸、稻草粉所含营养成分

项　　目	饲料量 (克)	消化能 (千焦)	粗蛋白质 (克)	含硫氨基酸 (克)	粗纤维 (克)	钙 (克)	磷 (克)
小麦麸	27	328.86	4.24	0.105	2.40	0.03	0.25
稻草粉	153	827.73	8.49	0	32.88	0.43	0.12
合　计	180	1156.59	12.73	0.105	35.28	0.46	0.37

3. 配平能量需要量 试用一部分大麦粉代替部分稻草粉,以满足能量需要。大麦消化能含量为 13 220 千焦/千克,稻草粉仅为 5 410 千焦/千克,两者相差 7810 千焦/千克。由

1,2 相比,可知消化能尚缺 650.41 千焦(1 807 千焦—1 156.59千焦)。因此,满足消化能需要量的大麦粉代替量为
$\frac{650.41}{7810} \times 1000 = 83.28$ 克。

根据以上换算结果,用小麦麸、稻草粉和大麦粉配合,其养分平衡状况见表 6-12。

表 6-12　营养成分平衡状况

项 目	饲料量 (克)	消化能 (千焦)	粗蛋白质 (克)	含硫氨基酸 (克)	粗纤维 (克)	钙 (克)	磷 (克)
小 麦 麸	27.0	328.86	4.24	0.105	2.40	0.03	0.25
稻 草 粉	69.7	377.00	3.87	0	14.98	0.20	0.06
大 麦 粉	83.3	1101.00	9.16	0.300	4.00	0.07	0.27
合　　计	180.0	1806.86	17.27	0.405	21.38	0.30	0.58

4. 配平粗蛋白质需要量　从表 6-12 得知,消化能已基本满足需要,而粗蛋白质尚缺 13.33 克,故试用含能量与大麦相当的豆饼粉,以满足蛋白质的需要。豆饼粗蛋白质含量为 409 克/千克,而大麦则为 110 克/千克,即 1 千克豆饼粉代替 1 千克大麦粉可增加粗蛋白质 299 克,故满足粗蛋白质需要所需豆饼粉之量为 $\frac{13.33}{299} \times 1000 = 44.58$ 克。

根据上述换算结果,用小麦麸、稻草粉、大麦粉和豆饼粉配合,其养成分平衡状况如表 6-13 所示。

表 6-13　营养成分平衡状况

项 目	饲料量 (克)	消化能 (千焦)	粗蛋白质 (克)	含硫氨基酸 (克)	粗纤维 (克)	钙 (克)	磷 (克)
小 麦 麸	27	328.86	4.24	0.11	2.40	0.03	0.25
稻 草 粉	69.70	377.00	3.87	0	14.98	0.20	0.06

项　目	饲料量 （克）	消化能 （千焦）	粗蛋白质 （克）	含硫氨基酸 （克）	粗纤维 （克）	钙 （克）	磷 （克）
大麦粉	38.72	511.88	4.26	0.14	1.86	0.03	0.13
豆饼粉	44.58	628.58	18.23	0.53	2.10	0.13	0.22
合　　计	180.00	1846.32	30.60	0.78	21.34	0.39	0.66
占需要量	100%	102%	100%	62%	74%	21.7%	73%

按照以上配料换算结果表明,消化能和粗蛋白质已完全能够满足需要,然而含硫氨基酸尚缺 0.48 克,钙、磷分别缺少 1.41 克和 0.24 克,粗纤维缺少 7.46 克。前 3 种物质所需的差额量,可采取缺什么补什么,缺多少补多少的原则,直接添加蛋氨酸、碳酸钙（石粉）、骨粉等以求配平,惟粗纤维不需直接添加,因为在家兔实际饲养过程中,一般养兔场和饲养户常给家兔补饲一些干草或野草、野菜等粗饲料,故粗纤维完全可以满足需要。另外,在家兔日粮中还需添加 0.3%～0.5% 的食盐和微量元素、多维素等营养物质,力求营养的完全平衡。

（三）兔颗粒饲料的加工和饲喂

大量研究和生产实践证明,全价颗粒饲料在家兔生产中是应当重视和推广的。这不仅因为颗粒饲料容易贮存,可减少饲喂过程中的浪费,养分相对稳定,而且从家兔生物学特性来讲,家兔是啮齿动物,具有啃咬坚硬食物的习性,这在消化生理上有着积极的意义。兔咬磨坚硬食物能刺激消化液的分泌,增强消化道的蠕动,从而能提高饲料的消化率。颗粒饲料与粉状饲料相比较,家兔对颗粒饲料表现出强烈嗜好,并能产生显著的增重和产毛效果。不仅如此,颗粒饲料在加工成型过程中,温度升高 80℃～100℃,能产生以下良好效果：其一,使饲料淀粉等发生一定程度的熟化,产生较浓的香味,提高了饲料的适口性;其二,豆类和其他谷物中的胰蛋白酶抑制因子被高温破坏,从而可明显消除其对消化的不良影响;其三,可消灭饲料中的寄生虫卵和其他有害微生物,尤其是病原细菌。不过,颗粒饲料在加工过程中由于产生高温,可使饲料中的维生素遭受破坏,一般情况下能损失 10%～15%。

1. 颗粒机的类型 适合当前农村小、中型兔场使用的颗粒机,有两种类型可供选择,即软颗粒机和硬颗粒机。

(1)软颗粒机 以浙江省嵊县工艺美术机械厂生产的 KS-120 型兔颗粒机为代表。

主要技术参数:

功 率	3 千瓦
转 速	500 转/分
挤压腔直径	120 毫米
模孔直径	6 毫米
模 孔 数	16 孔
生 产 率	50～80 千克/小时

工作过程:将配合好的粉料加适量的水或掺入打浆青饲料,经搅拌均匀后直接加入颗粒机料斗,饲料便进入挤压腔,由挤压螺旋将物料推向模孔,模孔出口处无断粒切刀,靠自重拉断,所以颗粒呈圆弧形、条状。要求物料先加水拌湿(以手能捏成团但无水滴出为限),尤其在机器开始工作时,必须先投入更湿的物料,直至机器正常工作,才能投入拌好的物料。

这种颗粒机是为农村小型兔场自制兔颗粒饲料提供的简易机具。它的优点是结构简单,投资少,能充分利用打浆的青绿多汁饲料。但缺点是颗粒含水分高,须晒干。另外,没有颗粒切断工艺,饲料呈弧形长条状,饲喂时浪费较大。

（2）**硬颗粒机**　以浙江省余姚县新华机械厂生产的 KS-230 型为代表。

主要技术参数：

功　　率	11 千瓦
转　　速	305 转/分
平模直径	228 毫米
模孔直径	3 毫米　4 毫米　6 毫米
颗粒含水率	＜10％
生 产 率	300～400 千克/小时

工作过程：将配好的混合料，经搅拌均匀后直接倒入颗粒机饲料斗，经颗粒机压制成颗粒状。颗粒的粗细，可根据需要调节模孔板来控制。颗粒长短，可调节切刀的距离来控制。在颗粒压制过程中，温度可达 80℃～90℃，进入机器的物料是干的，出来的颗粒也是干的，即所谓干进干出。

它的优点是：颗粒坚硬，破损少，颗粒的粗细长短可根据需要调节，在饲喂过程中浪费较少。因颗粒含水量在 10％以下，不需晾晒即可装袋贮藏。

2. 配套机械　主要有粉碎机、搅拌机和打浆机。可根据需要和节约的原则选型配套。如果你用的是粉状料，如玉米粉、麸皮和米糠等，则粉碎机可以不买。为了节省投资，搅拌机也可以省去，改用手工拌料。倘若你不打算用青绿饲料制颗粒料，打浆机也可以不要。一切从实际出发，不必强求配套齐全。

3. 颗粒饲料的饲喂量　家兔胃的容积有一定的限度，大体积的配合日粮，不利于家兔采食和营养物质的吸收。颗粒饲料体积小，从而满足了家兔消化生理特点的需要。成年公兔和断奶母兔维持所需的全价颗粒饲料量比自由采食量低，若喂给其体重3%～3.5%的日粮(颗粒饲料)量,就能满足其维持良好体况的需要,而且体重略有增加。哺乳母兔的日粮量,在很大程度上决定于母兔本身的体重和仔兔的多少。体重3.5千克、带仔5～7只的母兔,饲喂量约为220克。产毛兔的采食量根据自身体重和日产毛量来确定。体重3.5千克、日产毛量2～4克的产毛兔,颗粒饲料饲喂量为155～180克;体重4千克、日产毛量2～4克的产毛兔,颗粒饲料饲喂量为160～185克。

生长兔的采食量,应根据周龄、体重和日增重来确定(表6-14)。全价颗粒饲料基本上能满足家兔生长的营养需要,除

表6-14 生长兔颗粒饲料喂量

周　龄	体重(克)	日增重	日饲喂量(克)
4	600	20	45
5	800	30	70
6	1100	40	100
7	1420	45	135
8	1780	50	140
9	2025	40	140
10	2300	35	140

供给清洁饮水外,不需要再喂其他饲料。但根据当前我国农村的实际情况,全营养价值的颗粒饲料还不多见。故在饲喂自制的一般颗粒饲料之外,还需补喂些青饲料,尤其哺乳母兔更应该饲喂些如胡萝卜、菊芋、番薯、青菜叶等维生素丰富的多汁饲料,以满足兔生长发育和泌乳的营养需要。

第七章 合理开发利用
绿色植物饲料资源

　　家兔是小家畜又是草食动物,故家兔饲养受耕地制约少,发展空间大。从我国养兔实践看,综合利用各类植物资源,如野菜、野草、树叶、蔬菜废弃茎叶及农作物秸秆等,是促进我国养兔业持续发展的成功之路。

一、家兔可利用的主要植物种类

(一)野草野菜

　　家兔可食的野草野菜种类繁多,但喜食、常见和营养价值高的不过几十种。它们的共同特点是:茎细多叶,含水分高,纤维少,富含蛋白质、维生素和矿物质;幼嫩多汁,适口性好,容易消化。但有些野草野菜又是药用植物,如车前草、蒲公英等,故不能多喂,必须与其他饲料混合饲喂,或加工处理后饲喂,否则,轻则腹泻、肚胀,严重时可中毒死亡。

　　1. 马兰 为菊科多年生草本植物(图 7-1)。别名马兰头、路边菊、山白菊、泥鳅菜、十里香、紫菊等。株高 30～50 厘米。在我国分布较广,多生长于路边、田埂、林地和房前屋后。适应性很强,既耐寒又耐热。

　　(1)营养价值 鲜嫩茎叶中含干物质 6.8%,粗蛋白质 2%,粗脂肪 0.2%,碳水化合物 2.6%。每 100 克中含钙 130 毫克,磷 34 毫克,铁 2 毫克,胡萝卜素(维生素 A 原)3.32 毫

· 149 ·

克,维生素 B_2 0.05 毫克,维生素 C 46 毫克。

(2)采集和利用 开花前采集其幼茎叶,可作为家兔的青绿饲料,开花后宜刈割调制青干草。

图7-1 马 兰

2.蒲公英 为菊科多年生草本植物(图 7-2)。别名黄花地丁、黄花三七、羊奶子草、婆婆丁等。株高 20~40 厘米,分布极广。适应性很强,对气温和土壤要求不高,其种子传

图7-2 蒲公英

播到哪里就在哪里发芽、生长、开花结果。无论是路边、田间,还是荒地、河滩和树林都有它的存在。

(1)营养价值 营养颇丰富,其鲜叶中含粗蛋白质 3.6%,粗脂肪 1.2%,碳水化合物 11%。每 100 克鲜叶中还含有钙 216 毫克,磷 115 毫克,铁 12.4 毫克,胡萝卜素 7.35 毫克,维生素 B_1 0.03 毫克,维生素 B_2 0.39 毫克,维生素 C 47 毫克。

它不仅营养丰富,还含有对人、畜有保健作用的多种化学

成分。如肌醇、天冬酰胺、葡萄糖、果胶、胆碱、蒲公英甾醇、果糖、蔗糖、亚油酸、叶黄素及叶酸等。有清热解毒、消肿、健胃等作用。

（2）采集和利用　其鲜叶及茎可作为家兔青绿饲料的补充来源，但不能单一多喂，应与其他禾本科野草混合饲喂。也可以调制干草或青贮。

3. 车前草　为车前科多年生草本植物（图7-3）。别名当道草、钱贯草、车轮菜、牛耳朵草、哈蚂叶、车轱辘菜等。株高15～20厘米。遍布全国各地，常见于路旁、田埂、沟边及荒野。

图7-3　车前草

（1）营养价值　鲜茎叶中含粗蛋白质4%，粗脂肪1%，粗纤维3.3%，碳水化合物10%。每100克鲜茎叶中含钙309毫克，磷175毫克，铁25毫克，胡萝卜素5.58毫克，维生素B_1 0.09毫克，维生素B_2 0.25毫克，维生素C 23毫克。

（2）采集和利用　每年4～5月份采集其幼嫩茎叶，可作为青绿饲料或调制青干草。新鲜茎叶不能单一大量饲喂。

4. 酢浆草　为酢浆科多年生草本植物（图7-4）。别名酸母草、三叶酸、兔儿酸、酸梅草、酸浆草、三梅草等。从我国东北到华南各地均有分布，为常见的杂草。存在于田间、路旁、山脚下、河滩、荒地和农村宅旁。

（1）营养价值　鲜茎叶中含粗蛋白质3.1%，粗脂肪

图7-4 酢浆草

(1)营养价值 鲜茎叶中含粗蛋白质 3.7%,粗脂肪 0.5%,粗纤维 3.1%,碳水化合物 5%。每 100 克鲜茎叶中含胡萝卜素 8.3 毫克,维生素 B_1 0.02 毫克,维生素 C 78 毫克,烟酸 2 毫克,钙 422 毫克,磷 40 毫克,铁 10 毫克。

(2)采集和利用 采集其嫩茎叶,当作青绿饲料或调制干草。也可制作青贮饲料。

6. 野苋菜 为苋科一年生草本植物(图7-6)。别名荇菜、苋菜茎。我国劳动人民自古就有采摘其嫩茎叶食用的习惯,故统称苋菜。适应性极强,

0.5%,碳水化合物 5%。每 100 克中含钙 27 毫克,磷 125 毫克,铁 5.6 毫克,胡萝卜素 5.24 毫克,维生素 B_1 0.25 毫克,维生素 B_2 0.31 毫克,维生素 C 127 毫克。

(2)采集和利用 4～6 月份采集其嫩茎叶,当作青饲料或调制青干草。兔子最喜食。

5. 小旋花 为旋花科多年生草本植物(图 7-5)。别名喇叭花、兔儿草、大碗花等。适应性极强,对土壤要求不高,分布全国各地。多见于田间、荒地、路旁、河溪边、沙滩和草原。

图7-5 小 旋 花

我国绝大部分省、自治区都有生长。是常见的田间、地边、荒地和庄前屋后的杂草。

图7-6 野苋菜

（1）营养价值　鲜茎叶中含粗蛋白质5.5%，粗脂肪0.6%，碳水化合物8%，粗纤维1.6%。每100克鲜茎叶中含钙610毫克，磷93毫克，铁3.9毫克，钾411毫克，胡萝卜素7.15毫克，维生素B_1 0.05毫克，维生素C 153毫克。

（2）采集和利用　春、夏季选择无农药污染的苋菜，采摘其幼苗或嫩茎叶。因其植物体内含有相对高的草酸和硝酸盐，动物食后易与矿物质结合形成不易被动物吸收的物质，甚至引起中毒症状，如草酸尿和亚硝酸中毒等。故喂兔时宜煮熟喂，或晒干切碎与其他饲料混合饲喂；亦可制作青贮饲料。

图7-7 苦菜

7. 苦菜　为菊科多年生草本植物（图7-7）。别名苦荬菜、苣荬菜、拒马菜、救命菜等。苦菜主要包括苦苣属和苦荬属两种。分布极为广泛，我国大江南北、长城内外都有它的存在。耐寒、耐旱、耐热和耐贫瘠土壤，生命力极强，又易于繁衍,故随处可见,垂手可得。

(1)营养价值　营养极丰富。据测定,鲜茎叶中含粗蛋白质 3.4%,粗脂肪 1.4%,粗纤维 1.6%。每 100 克鲜叶中含钙 158.7 毫克,磷 105 毫克,铁 53.7 毫克,镁 5.26 毫克,铜 1.86 毫克,锌 3.9 毫克,胡萝卜素 3.22 毫克,维生素 B_2 0.53 毫克,维生素 C 88 毫克。另外,还含有 8 种必需氨基酸,尤以精氨酸、组氨酸和谷氨酸的含量最高,约占氨基酸总量的 43%。

图 7-8　荠　菜

(2)采集和利用　一年四季都可以采集。幼苗可整株采挖,带根营养更全面,老时只采摘其茎叶。可洗净后当作兔的青绿饲料,数量多时亦可制作青贮或调制干菜。

8. 荠菜　为十字花科 1～2 年生草本植物(图 7-8)。别名荠荠菜、地菜、粽子菜、护生草和沙荠等。株高 20～40 厘米,全国各地均有分布,在田间、荒地、河滩、路旁、山坡和林间等随处可见。耐寒,能在 -5℃的条件下生长,但怕热,最适宜生长的温度是 12℃～20℃。在肥沃、疏松的土地上生长茂盛。

(1)营养价值　鲜菜中含粗蛋白质 5.2%,粗脂肪 0.4%,粗纤维 1.4%,碳水化合物 6%。每 100 克鲜茎叶中含钙 420 毫克,磷 73 毫克,铁 6.3 毫克,还含有镁、锌、铜和锰等微量元素及维生素。由于营养丰富,是我国传统的野菜,也是家兔的好饲料。

（2）采集和利用　荠菜由于分散生长，不能形成大的群落，但在春天北方的小麦地里生长较多。于4～5月份采摘其未开花的幼苗及茎叶作为家兔的青绿饲料，亦可风干后作为青干草喂兔。

9. 兔儿伞　为菊科多年生草本植物（图7-9）。别名雨伞菜、和尚帽子草等。一般株高80厘米。主要分布于我国北方诸省，多生长于山坡草地、灌木丛中、树林间和路边。

（1）营养价值　每100克鲜叶中含胡萝卜素3.39毫克，维生素$B_2$0.24毫克，维生素C 30毫克。

（2）采集和利用　4～5月份采集其幼苗及茎叶，洗净切碎喂兔，亦可制作青贮。

图7-9　兔儿伞

10. 地肤　为藜科多年生草本植物（图7-10）。别名扫帚菜、扫帚草和野菠菜等。株高约100厘米。全国各省、自治区均有分布。主要生长在田埂、荒地、河边、路旁、沟边和庄前屋后，亦有作为绿化植物和制扫帚材料而人工栽培的。对土壤要求不高，不仅耐碱而且耐旱。

（1）营养价值　鲜茎叶中含粗蛋白质5.2％，粗脂肪0.8％，粗纤维2.2％，碳水化合物8％。每100克鲜茎叶中含钙150毫克，磷589毫克，镁480毫克，铁22毫克，锰3.7毫克，锌3毫克，铜0.8毫克。另外，茎叶中还含有生物碱，花穗中含甜菜碱。是我国传统的野菜之一。

（2）采集和利用　采集其幼苗及嫩茎叶。因为含钾量特

图 7-10 地肤

高,故需先在沸水中煮 5～10 分钟,捞出再用清水漂过(原水不能饮用)再喂兔,否则容易引起腹泻。数量多可制青干草或制成草粉。秋后老枝叶饲用价值不高。

11. 藜 为藜科一年生草本植物(图 7-11)。别名野灰菜、灰条菜、灰蓼草等。株高 50～120 厘米。全国各地均有生长,是常见的杂草。多生于田间、荒地、沟边、路旁、草原及河边湿地。

(1)营养价值 嫩茎叶中含粗蛋白质 3.5%,粗脂肪 0.8%,粗纤维 1.2%,碳水化合物 6%。每 100 克鲜叶中含钙 209 毫克,铁 0.9 毫克,胡萝卜素 5.36 毫克,维生素 B_1 0.13 毫克,维生素 B_2 0.29 毫克,维生素 C 69 毫克。另外,全株中还含有甜菜碱、挥发油、谷甾醇及氨基酸等。

(2)采集和利用 每年春、夏季采摘其嫩茎叶,可作为青绿补充饲料应用,但喂量过大易产生过敏反应,尤其有红色粉粒的叶片更甚,切忌采摘。

图 7-11 藜

一般正常绿色茎叶也应在沸水中煮片刻(不要煮得太烂)捞出,再用清水漂洗后喂兔。花期或结籽后的茎叶,含水量少,可晒干磨成粉作为越冬补充饲料。

12. 马齿苋 为马齿苋科一年生草本植物(图 7-12)。别名长寿菜、耐旱菜、瓜子菜、酸苋、地马菜和五行草等。一般匍匐生长,茎叶肉质,全株光滑无毛。分布极广,适应性很强,既耐寒、耐热又耐旱。再生能力极强,几乎能在任何土壤中生长。多见于田间、河边、沙滩、山坡、路旁和农村宅地周围等。

(1)营养价值 因含有颇多的维生素 C、苹果酸和柠檬酸,故口感带酸味。鲜茎叶中含粗蛋白质 2.3%,粗脂肪 0.5%,粗纤维 0.7%,碳水化合物 3%。每 100 克鲜茎叶中含钙 85 毫克,磷 5.6 毫克,铁 1.5 毫克,胡萝卜素 2.23 毫克,维生素 B_2 0.11 毫克,维生素 C 23 毫克,烟酸 0.7 毫克。还含有谷氨酸、天门冬氨基酸

图 7-12 马齿苋

及锰、镁、锌、铜等微量元素。是我国传统的保健野菜,也是家兔的好饲料。

(2)采集和利用 因其生长季节较长,一年可生数茬,从春到秋都可以采集到。一般最好采集未开花的嫩茎叶,可作为家兔的青绿多汁饲料,但一次喂量不能太多,应与其他饲料搭配饲喂。数量多亦可制作青贮饲料。

13. 鸡眼草 为豆科一年生草本植物(图 7-13)。别名为

图 7-13 鸡眼草

人字草、公母草、掐不齐和铺地龙等。株高 80～100 厘米。全国各地均有生长，多见于路旁、田间、河溪边和沙土地及山坡地。

（1）营养价值　鲜嫩茎叶中含粗蛋白质 6.1%，粗脂肪 1.4%，粗纤维 5%，碳水化合物 13%。每 100 克鲜茎叶中含钙 250 毫克，磷 80 毫克，胡萝卜素 12.6 毫克，维生素 B_2 0.8 毫克，维生素 C 270 毫克。还含有多种微量元素，是兔最喜食的野草之一，而且食后不易发生胀气病，是家兔的好饲料。

（2）采集和利用　5～6 月份采集其嫩叶可作为青绿多汁饲料；茂盛时可刈割全草调制青干草或制作青贮饲料。

14. 堇菜　为堇菜科多年生草本植物（图 7-14）。别名鸡腿菜、胡森堇菜、尖叶堇、紫花地丁、东北堇菜等。在我国东北、华北和长江流域均有分布。适应性强，各种土壤均可生长，常见于湿草地、田间、河谷湿地、灌木丛中和树林间等。

（1）营养价值　主要表现在维生素及矿物质含量颇高。据测定，每 100 克鲜茎叶中含胡萝卜素 8.43 毫克，维生素 B_2 0.52 毫克，维生素 C 183 毫克。每 100 克干物质中含钙 1170 毫克，磷 163 毫克，镁 504 毫克，铁 27.9 毫克，锰 8.3 毫克，锌

图 7-14　堇菜

6.2毫克,铜1毫克。

(2)采集和利用 每年4～5月份采集其鲜嫩茎叶,当作青绿饲料。由于其茎叶中含钾较多,每100克干物质中有3000毫克,故不宜多喂,否则会引起兔子腹泻。最好煮熟再喂或制作青贮饲料。

15. 喜旱莲子草 为苋科一年生草本植物(图7-15)。别名水花生、水苋菜、革命草、水仙草、满天星、莲子草和虾钳菜等。茎倾斜或匍匐,长20～60厘米。主要分布在江南诸省、市,尤以江、浙一带农村最为普遍。生命力极强,在水面和陆地都能生长,常见于多水潮湿地方,在沟边、农村道路两旁和田间都有生长,是除不尽的杂草。浙江、江苏太湖流域一带的农民常将此草养殖在内河、池塘,作为湖羊饲料的主要来源。

图7-15 喜旱莲子草

(1)营养价值 鲜茎叶中含粗蛋白质3.55%,粗脂肪1.23%,粗纤维3.84%。每100克鲜茎叶中含胡萝卜素5.19毫克,维生素B_2 0.25毫克,维生素C 56毫克。每100克干物质中含钙1160毫克,磷420毫克,铁39.6毫克,镁356毫克,锰18.3毫克,锌4.5毫克,铜0.9毫克。

(2)采集和利用 生长期长,春、夏、秋季都能采集到。在河、湖、塘中生长茂盛,产量也高,但常带有寄生虫卵,尤其是肝片吸虫比较严重。故尽可能不要采集水面上的茎叶,最好采集陆地上的鲜嫩茎叶。可当作兔的青绿饲料或调制成干草或制作青贮饲料。因含钾颇高,不能单草多喂。

16. 野豌豆 为豆科一年生或多年生草本植物(图 7-16)。别名救荒野豌豆、山野豌豆、三齿草藤、高蔓草藤和广布野豌豆等。株高30~100 厘米。我国绝大部分地区都有分布。主要生长在田边、荒地、道路旁及山坡、山沟的向阳处。

图 7-16 野豌豆

(1)营养价值 营养价值颇高,养分较全面。据测定,结荚期干物质中含粗蛋白质 4.3%,粗脂肪 0.7%,粗纤维 8.6%。每 100 克鲜茎叶中含钙230 毫克,磷180 毫克,胡萝卜素8.4 毫克,维生素 B_2 0.59 毫克,维生素 C 235 毫克。另外,还含有多种微量元素和氨基酸。

(2)采集和利用 结荚前采集其茎叶,可作为兔青绿饲料,但不能多喂,否则易产生胀气病,最好与其他禾本科野草混合饲用。数量多可调制青干草或青贮。

17. 鸡冠花 为苋科一年生草本植物(图 7-17)。别名鸡冠菜、鸡冠苋、青葙菜等。株高 40~100 厘米。分布极广,在各种土壤中均能生长,但耐热不耐寒。一般多在河边、潮湿草地和农村菜园中出现,亦有人工栽培作为观赏植物。

(1)营养价值 蛋白质含量颇高,鲜茎叶中含粗蛋白质 2.29%,干物质中含粗蛋白质 20%左右,高于一般蔬菜。每 100 克鲜茎叶中含胡萝卜素2.2 毫克,维生素 C 23 毫克。另

外还含有维生素 D、维生
素 E 和维生素 K 等营养
物质。

（2）采集和利用　野
生鸡冠花分布较分散,但
它是种子繁殖,生长较快,
一年数茬,可在其生长季
节采集其鲜嫩茎叶作为青
饲料,亦可调制成干草或
青贮。

18. 积雪草　为伞形
科多年生草本植物(图 7-

图 7-17　鸡冠花

18)。别名铜钱草、半边碗、马
蹄草、崩大碗和大叶蛇等。茎
细长且匍匐,节上生根。多分
布在长江以南地区,有时在华
北及西北东部地区也能看到。
喜湿润的土壤环境,多生长在
河溪边、湖塘旁及阴湿之地。

（1）营养价值　矿物质和
维生素含量颇丰。据测定,每

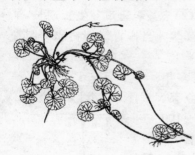

图 7-18　积雪草

100 克鲜茎叶中含钙 1370 毫克,磷 395 毫克,钾 1230 毫克,
钠 30 毫克,铁 78.3 毫克,镁 57 毫克,锰 29.8 毫克,锌 4.8 毫
克,铜 0.8 毫克,胡萝卜素 1.03 毫克,维生素 B_2 1.09 毫克,
维生素 C 46 毫克。

（2）采集和利用　生长期长,一年四季都可采集其嫩茎
叶,可作为兔的青绿饲料应用,亦可调制成青干草或青贮。

19. 鸭跖草 为鸭跖草科一年生草本植物（图7-19）。别名鸭食草、蓝花菜、晒不死、竹节草和三角菜等。一般株高50厘米左右，基部匍匐。

(1)营养价值 鲜茎叶中含粗蛋白质2.8%，粗脂肪0.3%，粗纤维1.2%，碳水化合物5%。每100克鲜茎叶中含钙206毫克，磷39毫克，铁5.4毫克，胡萝卜素4.19毫克，维生素B_1 0.03毫克，维生素B_2 0.46毫克，维生素C 118毫克。

图7-19 鸭跖草

(2)采集和利用 生长期长，早春发芽，秋季仍鲜嫩。采集其鲜茎叶当作青绿饲料或调制青干草。

20. 山蕨草 为凤尾蕨科多年生草本植物（图7-20）。别名蕨菜、龙头菜、鹿蕨菜等。株高30～100厘米。分布较广，我国几乎各省、自治区都有生长，从陆生、水生至岩生无处不生长。但主要生长在山区草地及潮湿的林间空地。

(1)营养价值 鲜茎叶中含粗蛋白质1.6%，粗脂肪0.4%，粗纤维1.3%，碳水化合物10%。每100克鲜茎叶中含钙24毫克，磷29毫克，铁6.7毫克，胡萝卜素1.68毫

图7-20 山蕨草

克,维生素 C 35 毫克。另外,还含有多种微量元素和氨基酸。

(2)采集和利用 可采集其鲜茎叶当作青绿饲料,亦可调制干草或青贮。其根含淀粉较多,可晒干磨成粉,作为蕨淀粉饲料应用。

21. 红豆草 为豆科多年生草本植物(图 7-21)。别名驴食草、驴食豆等。在我国新疆、内蒙古及甘肃等省、自治区有野生分布。现在已有人工栽培,在北京市郊区和陕西省武功县等地生长良好。

(1)营养价值 鲜茎叶中含干物质 27.3%,粗蛋白质 4.9%,粗脂肪 0.6%,粗纤维 7.2%。每 100 克鲜茎叶中含钙 1320 毫克,磷 230 毫克。可消化蛋白质为 2.7%,消化能为 7736 千焦/千克。

(2)采集和利用 可刈割调制

图 7-21 红豆草

干草。幼嫩茎叶可当作青绿饲料,但不能多喂,防止引起胀气病。人工栽培的红豆草每年刈割 2~3 次,每 667 平方米可产青草 1000~1500 千克。

22. 鸡脚草 为禾本科多年生草本植物(图 7-22)。别名鸭茅等。根系主要分布在 10~15 厘米的土层中,株高 60~120 厘米。主要分布在我国长城以南地区,南方诸省多有生长。性喜温暖气候,耐热怕冻,对土壤要求一般,尤其在江河冲积地生长茂盛,但过酸及盐碱地不能很好生长。

(1)营养价值 干草中含干物质 88.2%,粗蛋白质 10.2%,粗脂肪 2.8%,粗纤维 28.1%。每 100 克干草中含钙

图 7-22 鸡脚草

生长。

(1)营养价值 盛花期干草中含干物质 92.1%,粗蛋白质 18.5%,粗脂肪 1.7%,粗纤维 30%,灰分 8.1%。每 100克干物质中含钙 1300 毫克,磷 190 毫克。可消化能为 6 644 千焦/千克。

(2)采集和利用 幼嫩茎叶可作为青绿饲料,开花盛期宜刈割调制青干草。秋、冬时茎秆粗老,木质素增多,不宜饲用。除野生草木犀外,亦有人工栽培,既可作为饲料也可当

510 毫克,磷 240 毫克。可消化蛋白质为 6.9%,可消化能为 7 439 千焦/千克。

(2)采集和利用 春季萌发早,产草量高,最适宜刈割调制青干草。幼嫩茎叶可作为青绿饲料应用。可人工播种栽培。

23. 草木犀 为豆科多年生草本植物(图 7-23)。别名野苜蓿、品川、辟汗草等。株高 45～75 厘米。主要分布在我国东北、西北、华北及西南各省、自治区。性喜湿润土壤,但耐旱性也较强,平地、山坡地均能

图 7-23 草木犀

作绿肥。

24. 狗牙根 为禾本科多
年生草本植物(图7-24)。别
名绊根草、行仪芝等。须根细
而坚韧,根茎匍匐地面,向上直
立部分高10～30厘米。分布
于黄河以南各地。多生于旷
野、田边和路旁。

图7-24 狗牙根

(1)营养价值 青干草中
含干物质92%,粗蛋白质
11%,粗脂肪1.8%,粗纤维
27.6%,灰分7%。每100克
干草中含钙380毫克,磷560
毫克,赖氨酸740毫克,含硫氨基酸180毫克。可消化蛋白质
为5.9%,消化能为6929千焦/千
克。

(2)采集和利用 幼嫩茎叶可
当作青绿饲料,更宜调制青干草或
草粉应用。

25. 小颖羊茅 为禾本科多年
生草本植物(图7-25)。别名细秆狐
茅等。株高30～60厘米。全国大
部分地区都有分布。主要生长在草
地、田野、路边和树林间。

图7-25 小颖羊茅

(1)营养价值 是一种较好的
禾本科牧草。据测定,营养期干草
中含干物质90.1%,粗蛋白质

11.7％,粗脂肪4.4％,粗纤维18.7％,灰分18％。每100克
青干草中含钙1000毫克,磷290毫克。可消化蛋白质为
7.4％,可消化能为8255千焦/千克。

（2）采集和利用　幼嫩茎叶可作为兔的青饲料;在花期刈
割,可调制青干草,亦可与菜叶一起青贮。

26. 猫尾草　为禾本科多年生草本植物(图7-26)。主要

分布于我国东北、西北和西南诸省、自治
区的山坡地和草原,其他地方亦有生长。
喜湿润气候,耐寒,不耐旱。

（1）营养价值　青干草中含干物质
89.9％,粗蛋白质6.2％,粗脂肪2.2％,粗
纤维30.7％。每100克干草中含钙360
毫克,磷170毫克,铁12毫克,铜0.47毫
克,硫110毫克。可消化蛋白质为3.1％,
可消化能为6184千焦/千克。

（2）采集和利用　幼嫩茎叶可当作青
绿饲料,但最适宜在花期刈割,调制青干

图7-26　猫尾草　草。

（二）人工栽培饲料

栽培饲料作物在我国已有多年的历
史。它的主要特点是:产量高,营养品质好;容易集中管
理——播种、施肥、灌溉和田间管理等;收获或采集能按计划
进行,节约时间和劳动力;保证一年四季为兔场或兔群提供新
鲜的优质青绿饲料,同时也可为调制青干草和青贮提供品质
好的原料。

可进行人工栽培的饲料种类颇多,但根据我国当前农村

的实际情况和兔场的特点,只能选择那些产量高、品质好和栽培技术简单、容易管理的饲料植物种类。

1. 苜蓿 为豆科多年生草本植物(图 7-27)。别名苜蓿草、紫花苜蓿等。是我国北方优良的豆科栽培饲料作物。在我国西北、华北和东北各地,人工栽培生长良好,产量颇高。

图 7-27 苜 蓿

(1)营养价值 苜蓿营养价值高为人们所公认。据测定,鲜茎叶中含粗蛋白质 3.2%~4.5%,粗纤维 8.5%,碳水化合物 8%。每 100 克茎叶中含钙 1570 毫克,磷 180 毫克,铁 8 毫克,胡萝卜素 5.6 毫克,维生素 B_1 0.03 毫克,维生素 B_2 0.36 毫克,维生素 C 92 毫克。另外,苜蓿现蕾期蛋白质中含赖氨酸 510 毫克,色氨酸 270 毫克,蛋氨酸 140 毫克,胱氨酸 206 毫克,苏氨酸 430 毫克,异亮氨酸 240 毫克,缬氨酸 170 毫克,苯丙氨酸 140 毫克,甘氨酸 190 毫克。鲜嫩茎叶可消化蛋白质为 2%,消化能为 1289 千焦/千克。

(2)采集和利用 用作青饲宜在孕蕾期刈割,应先使鲜草稍凋萎后再喂兔。不能单草多喂,避免发生胀气病。最适宜调制苜蓿青干草或粉碎成苜蓿草粉。调制青干草宜在初花期刈割,1 年可刈割 3~4 茬,每 667 平方米鲜草产量可达 2500~3500 千克,最高可达到 1 万千克。

2. 紫云英 为豆科二年生草本植物(图 7-28)。别名草

图 7-28 紫云英

1025 千焦/千克。另外,还含有微量元素和氨基酸及维生素等营养物质。

(2)采集和利用 在我国南方多作为绿肥栽培。在清明前后正值盛花期收割最好,割去上部 2/3 用作饲料,其余留作绿肥,二者兼得。每 667 平方米产鲜草 1000～2000 千克。可当作青绿多汁饲料或调制青干草,但因含水分高最宜青贮。

3. 红三叶 为豆科多年生草本植物(图 7-29)。别名红车轴草、红花翘摇等。我国南方大部分地区都有栽培。性

子、花草、红花菜等。性喜湿润土壤,在长江以南诸省、自治区、市均有栽培。

(1)营养价值 鲜茎叶中含干物质 20.6%,粗蛋白质 3.5%,粗纤维 6.6%;每 100 克鲜茎叶中含钙 310 毫克,磷 20 毫克。干草中含干物质 92.4%,粗蛋白质 10.8%,粗脂肪 1.2%,粗纤维 34%;每 100 克鲜茎叶中含钙 710 毫克,磷 200 毫克。鲜茎叶可消化蛋白质 1.9%,消化能为

图 7-29 红三叶

喜湿润温暖气候环境,抗寒力中等,抗旱力强。适宜肥沃砂壤土栽培,春季、秋季播种均可,每667平方米播种500~750克种子。

(1)营养价值 鲜茎叶中含干物质19.7%,粗蛋白质3.4%,粗纤维4%。每100克鲜茎叶中含钙270毫克,磷330毫克,铜2.1毫克,锌4.6毫克,锰6.9毫克,赖氨酸350毫克,含硫氨基酸240毫克。干草中含干物质86.7%,粗蛋白质13.5%,粗脂肪3%,粗纤维24.3%。可消化蛋白质为7%,可消化能为8728千焦/千克。另外,还含有维生素等营养物质。

(2)采集和利用 年收割3~4次。制青干草可在花期刈割,青贮可在花期后刈割,青饲宜在开花前收割。每667平方米可产鲜草1500~2000千克。作为青绿饲料利用时比苜蓿好,不易产生胀气病,但也不能单草大量饲喂,应考虑营养平衡。

4. 白三叶 为豆科多年生草本植物(图7-30)。别名白车轴草、荷兰翘摇等。我国东北、华北和华东各省、市都有栽培。在气候温暖地区,春、秋季生长旺盛,但夏季生长停滞。对土壤要求不高。

(1)营养价值 茎细软,叶量多,含粗蛋白质比红三叶多,饲用价值高。据测定,鲜茎叶中含干物质19%,粗蛋白质3.8%,粗纤维3.2%。每100克含钙270毫克,磷90毫克。

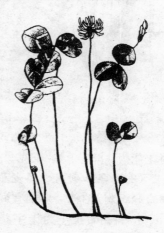

图7-30 白三叶

青干草中含干物质 92％,粗蛋白质 21.4％,粗纤维 20.9％。每 100 克干草含钙 1750 毫克,磷 280 毫克。另外,还含有多种维生素及微量元素。青干草消化能为 8468 千焦/千克。

(2)采集和利用　在生长旺盛的春、秋季节,刈割其鲜茎叶,既可作为青绿饲料,亦可调制青干草或青贮。在一般情况下,第一年每 667 平方米可产鲜草 800～1000 千克,第二年每 667 平方米可产 2500～3000 千克。

5. 黑麦草　为禾本科多年生草本植物(图 7-31)。株高 30～50 厘米。主要分布在我国南方诸省、自治区、市,江、浙一带常作为草鱼的饲料而栽培。喜湿润的气候环境,但过冷或过热均生长不良。

图 7-31　黑麦草

(1)营养价值　鲜茎叶中含干物质 22.8％,粗蛋白质 4.1％,粗脂肪 0.9％,粗纤维 4.7％,灰分 3.6％。每 100 克鲜草中含钙 140 毫克,磷 60 毫克。

花前期青干草中含粗蛋白质 15.3％,粗脂肪 3.1％,粗纤维 24.8％,无氮浸出物 48.3％,灰分 8.5％。可消化蛋白质为 9.6％,可消化能为 1883 千焦/千克。

(2)采集和利用　黑麦草一年可产几茬草。割取嫩草当作青绿饲料,抽穗后刈割宜调制青干草。

6. 饲用甘蓝　为十字花科两年生植物(图 7-32)。别名莲花白、椰菜、卷心菜等。在我国绝大部分省、自治区、市的农村都有栽培。现在城市郊区栽培较普遍。对土壤和气候环境条件要求不高。

（1）营养价值　鲜叶中含干物质10%，粗蛋白质1.8%，粗脂肪0.4%，粗纤维1.6%，无氮浸出物5%。每100克鲜叶含钙80毫克，磷40毫克。可消化能1435千焦/千克。

（2）采集和利用　甘蓝生长和利用期都较长，还具有产量高、品质好、耐贮藏等优点，是保证常年均衡供应的青绿多汁饲料来源。

图7-32　饲用甘蓝

可摘其叶或刈割全株当作青饲料，是哺乳母兔的好饲料。但饲喂时应控制饲喂量，尤其是幼兔过量饲喂最容易引起腹泻。适于与含水量较少的青玉米秸等混合青贮。

7. 聚合草　为紫草科多年生草本植物（图7-33）。别名饲用紫草、肥羊草、朝鲜草等。株高50～130厘米。原产于俄罗斯的高加索地区，现在欧、亚、澳、非等洲都有栽培。中华人民共和国成立初由朝鲜引入我国，主要分布在长城以

图7-33　聚合草

南地区。喜肥沃低湿的砂壤土,最适宜的生长气温是20℃～25℃。

(1)营养价值　营养价值颇高,每667平方米生产的营养物质总量可与紫花苜蓿相媲美。据测定,鲜茎叶中含粗蛋白质3.05%,粗脂肪0.73%,粗纤维1.23%,无氮浸出物4.89%,矿物质2.6%(其中钙0.26%,磷0.12%)。盛花期茎叶干物质中含粗蛋白质18.41%,粗脂肪1.35%,粗纤维14.7%,无氮浸出物39.36%。另外,还含有多种维生素及微量元素。

(2)采集和利用　由于生长快,一年可刈割多茬。第一年一般每667平方米产量5000～6000千克,第二年后每667平方米产量可达到7500～10000千克。用作青饲时因有短毛,兔不习惯,最好用打浆机打成菜泥状并与粉状精料拌和饲喂。亦可刈割调制干草或青贮。

(三) 树 叶 类

树叶作为家畜饲料来源的补充,在我国已有相当长的历史。但并不是所有的树叶都可以作为饲料应用。一些堪作饲料的优质树叶如槐、榆、桑等树叶确是家兔蛋白质、维生素和微量元素的很好来源。优质树叶以干物质计算,粗蛋白质含量在20%以上,维生素含量也较丰富,还含有铁、钴、锰、锌等微量元素。但大部分树叶中都含有鞣酸,甚至含量很高,如枫树叶鞣酸含量高达1.9%～3.1%,鞣酸较少的洋槐树叶也在0.5%～1.1%。其味苦涩,适口性较差。树叶的营养价值随季节的变化而有差异,一般来说,春季蛋白质含量高而鞣酸含量低,夏、秋季则蛋白质含量逐渐降低而鞣酸含量反而逐渐升高。故要适时采集树叶并通过适当的加工方法,来改善树叶饲料的质量。

1. 槐叶 槐为豆科落叶乔木。别名中国槐、豆槐、白槐、细叶槐和金药槐等。原产于我国北方,现在各处都有栽培。大多栽培在庭院和道路两旁,是良好的木材和绿化树种。

(1)营养价值 其鲜叶含干物质 23.6%。全干物质中含粗蛋白质 29.3%,粗纤维 11%。每 100 克干物质中含钙 1230 毫克,磷 130 毫克,铜 92 毫克,锰 6.55 毫克,锌 1.59 毫克,赖氨酸 690 毫克,含硫氨基酸 180 毫克。还含有多种维生素。

(2)采集和利用 在夏季枝叶茂盛时采集其绿叶(不要损坏树枝),经风干后磨成槐叶粉,与其他精料混合使用。因鞣酸含量较高,适口性差,不宜单独当作青饲料。

2. 刺槐叶 刺槐为豆科落叶乔木。别名德国槐、洋槐等。主要分布在我国北方各地,在铁路、公路沿线及农村住宅周围屡见不鲜,是很好的蜜源和绿化树种。

(1)营养价值 鲜叶中含干物质 35.2%,粗蛋白质 5.9%,粗纤维 6.1%。全干物质中含粗蛋白质 16.8%,粗脂肪 3.6%,粗纤维 17.3%。每 100 克干物质中含钙 1440 毫克,磷 280 毫克,蛋氨酸 30 毫克,胱氨酸 70 毫克,赖氨酸 1290 毫克,异亮氨酸 1150 毫克,组氨酸 450 毫克,缬氨酸 1450 毫克,亮氨酸 2001 毫克,精氨酸 1270 毫克,苯丙氨酸 1290 毫克,甘氨酸 1200 毫克。刺槐叶粉消化能为 9665 千焦/千克。

(2)采集和利用 春季可采摘嫩叶及花作为青饲料。如拟调制刺槐叶粉,宜在初秋采集,因这时树叶含水分少,蛋白质含量高,又不影响刺槐生长。采集的方法是:用长竹竿敲打树枝,即可使树叶落下,将采集的刺槐叶除去杂质,放在通风处自然干燥后磨成粉备用。刺槐叶粉可当作蛋白质饲料应用,但用量应控制在总饲料量的 5%～10%。秋后落叶不仅养分降低,而且鞣酸含量增加,故不宜作为饲料。

3. 紫穗槐叶 紫穗槐为豆科落叶灌木。别名椒条、棉槐等。全国各地都有栽培,常见于水土流失比较严重的地区。既能防止水土流失,又能供作家畜饲料。主要分布在河南、河北、山东、山西、陕西和甘肃等省。

(1)营养价值 鲜嫩枝叶中含干物质 24.3%,粗蛋白质 9.1%,粗纤维 5.4%;每 100 克鲜叶含钙 80 毫克,磷 400 毫克;可消化蛋白质为 4.91%,消化能为 2589.9 千焦/千克。干物质中含粗蛋白质 37.4%,粗纤维 22.2%。可消化蛋白质为 20.2%,消化能为 10656.6 千焦/千克。每 100 克风干的干物质中含钙 220 毫克,磷 1650 毫克,赖氨酸 1680 毫克,蛋氨酸 90 毫克,苏氨酸 1030 毫克,异亮氨酸 1110 毫克,组氨酸 550 毫克,缬氨酸 1260 毫克,亮氨酸 2150 毫克,苯丙氨酸 1350 毫克。另外,还含有多种维生素及微量元素。

(2)采集和利用 春天采集其嫩茎叶及花,作为青饲料应用;亦可将采集的鲜枝叶自然风干后磨成粉,代替部分蛋白质饲料。

4. 白榆叶 白榆为榆科落叶乔木。别名榆树、钱榆、钻天榆等。全国各地均有生长,因繁衍能力极强,榆钱随风飘扬,一俟落地遇到合适的温度和湿度就能发芽生根,长成树苗。但以北方各省栽培较为普遍。

(1)营养价值 据测定,鲜叶中含干物质 67.3%,粗蛋白质 6.9%,粗纤维 3.3%;每 100 克鲜叶中含钙 580 毫克,磷 110 毫克;可消化蛋白质为 2.2%,可消化能为 4531 千焦/千克。干物质中含粗蛋白质 10.3%,粗纤维 4.9%;每 100 克干物质中含钙860毫克,磷160毫克;可消化蛋白质为3.3%,消化能为6732千焦/千克。另外,还含有多种维生素及微量元素。

(2)采集和利用 榆叶和榆钱是很好的家兔饲料,没有其他树叶的苦涩味,适口性颇好。适时采集榆叶和榆钱,可直接作为兔的青绿饲料;在枝叶茂盛季节采集其绿叶,可制成榆叶粉后饲喂。

5. 构树叶 构树为桑科落叶乔木。别名谷树、楮桃、谷桃和谷浆树等。全国大部分省、自治区都有生长。适应性强,能生长在贫瘠的土地上,多为野生,人工栽培少见。

(1)营养价值 鲜叶中含干物质26.1%,粗蛋白质3.7%,粗纤维4.4%;每100克含钙510毫克,磷80毫克;可消化蛋白质为1.8%,可消化能为2523千焦/千克。干物质中含粗蛋白质14.2%,粗纤维16.9%;每100克中含钙1950毫克,磷310毫克;可消化蛋白质为6.9%,消化能为9665千焦/千克。

(2)采集和利用 因叶上长毛,宜将采集的鲜叶用打浆机打碎,或风干磨成粉与其他饲料配合应用。

6. 桑树叶 桑树为桑科落叶乔木。别名黄桑、荆桑和家桑等。野桑长江南北均有生长。家桑主要分布于江苏、浙江、四川等蚕桑发达的地区。

(1)营养价值 鲜桑叶中含干物质28.3%,粗蛋白质4%,粗纤维6.5%;可消化蛋白质为1.9%,可消化能为2339千焦/千克。干桑叶中含粗蛋白质14.1%,粗纤维23%;可消化蛋白质6.8%,消化能为8263千焦/千克。每100克干物质中含赖氨酸1210毫克,蛋氨酸110毫克,色氨酸140毫克,异亮氨酸2400毫克,精氨酸1430毫克,苏氨酸720毫克,缬氨酸 630 毫克。另外,还含有维生素、矿物质和微量元素等营养物质。

(2)采集和利用 野桑宜在春、夏枝叶繁茂时采集其叶,作为青绿饲料;家桑宜在夏、秋蚕过后采集其绿叶,经风干后磨成粉,可作为蛋白质补充饲料。

7. 马尾松叶 马尾松为松柏科常绿乔木。别名青松、山松、台湾赤松等。马尾松在我国分布较广,南自台湾、北至山东均有生长。喜温暖气候,对土壤条件要求不高,多生长在山坡、山梁上。

(1)营养价值 新鲜松针中含干物质 53.4%,粗蛋白质 6.5%,粗纤维 14.6%;可消化蛋白质为 2.7%,消化能为 3222 千焦/千克。干松针中含粗蛋白质 12.2%,粗纤维 27.3%;可消化蛋白质为 5%,消化能为 6033 千焦/千克。另外,每 100 克松针粉中含钙 840 毫克,磷 80 毫克,赖氨酸 390 毫克,含硫氨基酸 160 毫克,胡萝卜素 6~9 毫克。维生素 C 的含量尤其丰富。

(2)采集和利用 因其为常绿树,故随时都可采集松针。虽然松针蛋白质和维生素含量高,但鞣酸含量也不低,味苦涩,适口性较差,多食会引起便秘。宜将采集的松针制成松针粉,作为蛋白质和维生素的补充饲料与其他饲料配合应用,添加量应不超过日粮总量的 5%为宜。

8. 胡枝子叶 胡枝子为豆科落叶小灌木。别名萩、胡枝条、楚子等。胡枝子主要分布在东北地区及内蒙古、河北、山东、山西、河南和陕西等省、自治区。对土壤要求不高,多生长在林边、山坡地等灌木丛中。

(1)营养价值 胡枝子绿叶干物质中含粗蛋白质 12.7%,粗纤维 28.1%。消化能为 5397 千焦/千克。每 100

克干物质中含钙 920 毫克,磷 230 毫克。

(2)采集和利用　适时采集嫩绿枝叶,经风干并粉碎制成叶粉后,与其他粉状饲料混合饲喂。

(四) 蔬 菜 类

当前城市蔬菜市场提倡净菜上市。一些蔬菜茎叶被废弃当作垃圾处理,不仅污染环境,也是极大的浪费。倘能在蔬菜上市前将不符合商品规格的鲜茎叶作为家兔饲料,则可一举两得。

蔬菜中含有丰富的维生素、矿物质、碳水化合物和蛋白质等营养物质,又具有刺激食欲、调节体内酸碱平衡、促进肠蠕动等多种功能。然而,大多数蔬菜也含有数量不等的草酸、硝酸盐、龙葵碱等有害物质。以菠菜为例,它的草酸含量最多,为 0.3%～1.2%。其次为莴苣、芹菜、甘蓝和萝卜等。过量食入这些蔬菜则会引起中毒。表现为消化道溃疡、胃出血、血尿,严重时甚至产生尿道结石。另外,菠菜、芹菜等绿叶蔬菜中含硝酸盐也较多。硝酸盐可在动物体内还原成亚硝胺,它是中毒的直接原因。中毒者出现呼吸急促,心跳加快,呕吐等缺氧症状。因此,应注意合理利用和掌握正确的饲用方法。

1. 大白菜帮叶

(1)营养价值　鲜叶中含干物质 7.6%,粗蛋白质 1.1%,粗脂肪 0.2%,粗纤维 0.9%,碳水化合物 2.1%。可消化蛋白质为 0.5%,消化能为 749 千焦/千克。每 100 克鲜叶中含钙 61 毫克,磷 37 毫克,铁 0.5 毫克,胡萝卜素 0.01 毫克,维生素 B_1 0.02 毫克,维生素 B_2 0.04 毫克,维生素 C 20 毫克,烟酸 0.3 毫克。

(2)采集和利用　上市前采集其鲜帮叶(烂菜叶不要),洗净后作为成年兔尤其是哺乳母兔的青绿多汁饲料。数量多时,可制作青贮饲料。

2. 小白菜(青菜)叶

(1)营养价值　鲜叶中含干物质 5.7%,粗蛋白质 1.6%,粗脂肪 0.2%,碳水化合物 2%。可消化蛋白质为 0.9%,消化能为 448 千焦/千克。每 100 克鲜叶中含钙 141 毫克,磷 29 毫克,铁 3.9 毫克,胡萝卜素 1.3 毫克,维生素 B_1 0.02 毫克,维生素 B_2 0.05 毫克,维生素 C 70 毫克,烟酸 0.05 毫克。

(2)采集和利用　采集和利用方法与大白菜同。

3. 胡萝卜缨

(1)营养价值　鲜叶中含干物质 19.1%,粗蛋白质 3.7%,粗纤维 2.7%。可消化蛋白质为 2.2%,消化能为 9 355 千焦/千克。每 100 克鲜叶中含钙 600 毫克,磷 90 毫克,铁 2.6 毫克,维生素 B_2 0.15 毫克,烟酸 0.6 毫克,赖氨酸 150 毫克,蛋氨酸 70 毫克,异亮氨酸 170 毫克,亮氨酸 250 毫克,色氨酸 50 毫克,组氨酸 30 毫克,缬氨酸 200 毫克,精氨酸 150 毫克。

(2)采集和利用　胡萝卜上市前把胡萝卜缨切下,剔除杂物和泥土,洗净后作为家兔的青绿饲料。数量多时可青贮或风干后当作冬季饲料。

4. 包心菜叶

(1)营养价值　鲜叶中含干物质 14.8%,粗蛋白质 1.7%,粗纤维 1.8%。可消化蛋白质为 0.5%,消化能为 1 456 千焦/千克。每 100 克鲜叶中含钙 40 毫克,磷 50 毫克,胡萝卜素 0.33 毫克,维生素 B_1 0.03 毫克,维生素 B_2 0.02 毫克,维生素 C 60 毫克,烟酸 0.3 毫克,赖氨酸 80 毫克,色氨酸 10 毫克,蛋氨酸 10 毫克,胱氨酸 20 毫克,苏氨酸 40 毫克,异亮氨酸 40 毫克,缬氨酸 20 毫克,亮氨酸 60 毫克。

（2）采集和利用　包心菜在蔬菜市场上所占的比例颇高。可在上市前将外层的老叶瓣下与含水量较少的农作物秸秆混合青贮,可作为兔子的冬季饲料。鲜菜叶当作青绿饲料应用时,应先切碎并在沸水中煮 5 分钟,捞出后与其他饲料拌和喂兔。这样处理可降低草酸和硝酸盐含量,避免发生草酸和亚硝酸盐中毒。

5. 莴笋叶

（1）营养价值　鲜叶中含干物质 4.7%,粗蛋白质 1.3%,粗脂肪 0.1%,碳水化合物 2.1%。每 100 克鲜叶中含钙 80 毫克,磷 31 毫克,铁 1.2 毫克,胡萝卜素 1.42 毫克,维生素 B_1 0.06 毫克,维生素 B_2 0.08 毫克,维生素 C 10 毫克,烟酸 0.4 毫克。

（2）采集和利用　一般人食莴笋的习惯是只食笋不食叶,其实莴笋叶的营养价值比笋高。应收集被抛弃的莴笋叶当作家兔的青绿饲料,但要限量饲喂或煮 5～10 分钟捞出与其他饲料拌和饲喂。

6. 芹菜叶

（1）营养价值　鲜叶中含干物质 12%,粗蛋白质 5.5%,粗脂肪 0.4%,碳水化合物 2.5%。每 100 克鲜叶中含钙 65 毫克,磷 24 毫克,铁 2.1 毫克,胡萝卜素 2 毫克,维生素 B_1 0.03 毫克,维生素 B_2 0.06 毫克,维生素 C 2 毫克,烟酸 0.4 毫克。

（2）采集和利用　一般人不习惯食芹菜叶,故可收集其叶。饲用方法与莴笋叶同。

7. 冬寒菜叶

（1）营养价值　鲜叶中含干物质 10%,粗蛋白质 3.1%,

粗脂肪 0.5%,碳水化合物 3.4%。每 100 克鲜叶中含钙 315 毫克,磷 56 毫克,铁 2.2 毫克,胡萝卜素 8.98 毫克,维生素 B_1 0.13 毫克,维生素 B_2 0.3 毫克,维生素 C 55 毫克。

(2)采集和利用　收集被废弃的叶片,可当作青绿饲料饲喂,亦可晒干作为越冬饲料。

8. 胡萝卜

(1)营养价值　鲜胡萝卜(不包括叶)中含干物质 10.4%,粗蛋白质 0.6%,粗脂肪 0.3%,碳水化合物 7.6%。消化能为 1925 千焦/千克。每 100 克生胡萝卜含钙 32 毫克,磷 30 毫克,铁 0.6 毫克,胡萝卜素 3.62 毫克,维生素 B_1 0.02 毫克,维生素 B_2 0.05 毫克,维生素 C 13 毫克。

(2)采集和利用　上市前采集外形大小不符合商品要求的胡萝卜。胡萝卜主要的饲用价值在于提供胡萝卜素。由于胡萝卜含有一定的糖分,多汁可口,尤其在干草和秸秆比例较大的日粮中,适当补饲胡萝卜既可改善日粮的适口性,又有利于维持正常的消化功能。胡萝卜的颜色与胡萝卜素及铁的含量密切相关。据测定,深橘红色胡萝卜每 100 克含胡萝卜素 9.33 毫克;橘红色的胡萝卜每 100 克含胡萝卜素 4.71 毫克;棕红色的胡萝卜每 100 克含胡萝卜素 1.67 毫克;金黄色的胡萝卜每 100 克含胡萝卜素 0.11 毫克。深橘红色胡萝卜中胡萝卜素的含量是金黄色胡萝卜的 85 倍。胡萝卜宜生喂,沸水煮后维生素则被破坏。有的地方将胡萝卜切成片,按含水量多少适当加入 10%～30% 的草粉进行青贮,既能长期贮存,亦可减少营养物质的损失。

9. 甘薯　又名红薯、白薯、番薯、地瓜等。

(1)营养价值　甘薯块根富含淀粉,按干物质计算属能量饲料。其含水量亦较一般青绿多汁饲料少,粗纤维含量也较低,而无氮浸出物则较高,尤其是黄心甘薯含胡萝卜素颇高。

鲜甘薯中含干物质 32.9%,粗蛋白质 1.8%,粗脂肪 0.2%,碳水化合物 29.5%。消化能为 4 029 千焦/千克。每 100 克鲜甘薯中含钙 18 毫克,磷 20 毫克,铁 0.4 毫克,胡萝卜素 1.31 毫克,维生素 B_1 0.12 毫克,维生素 B_2 0.04 毫克,维生素 C 30 毫克,烟酸 0.5 毫克。

(2)采集和利用　收集不符合商品规格的甘薯,洗净切碎后作为哺乳母兔的多汁饲料;亦可煮熟捣碎与其他饲料拌和,作为能量补充饲料,适用于各种兔。数量多时亦可切成片,晒制甘薯干或磨成甘薯粉备用。

10. 菊芋　又名洋姜。

(1)营养价值　无氮浸出物含量颇高,特别是葡萄糖含量高达 13% 以上。菊芋块茎脆嫩多汁,营养丰富,适口性好。

据测定,菊芋块茎含干物质 20.2%,粗蛋白质 0.1%,粗脂肪 0.1%,碳水化合物 16.6%。消化能为 3 623 千焦/千克。每 100 克鲜块茎含钙 49 毫克,磷 119 毫克,铁 8.4 毫克,维生素 B_1 0.13 毫克,维生素 B_2 0.06 毫克,维生素 C 6 毫克,烟酸 0.6 毫克。

(2)采集和利用　收集菊芋块茎,洗净切碎生喂,最适合给哺乳母兔和生长兔补饲。能刺激食欲,帮助消化,有利于母兔产奶和生长兔快速发育成长。

11. 马铃薯　又名洋芋、土豆、山药蛋。

(1)营养价值　生马铃薯含干物质 20%,粗蛋白质 1.8%,粗脂肪 0.2%,碳水化合物 16.8%。消化能为 3 427 千焦/千克。每 100 克含钙 13 毫克,磷 57 毫克,铁 1.3 毫克,胡萝卜素 0.08 毫克,维生素 B_1 0.03 毫克,维生素 B_2 0.05 毫克,维生素 C 27 毫克,烟酸 0.4 毫克。

（2）采集和利用　收集新鲜的生马铃薯,可以切碎生喂;也可煮熟捣碎与其他粉状饲料拌和饲喂,作为冬季能量消耗的补充饲料;也可与含水量少的秸秆共同进行青贮。但发芽或表皮发绿的马铃薯不能饲用,因为含有毒成分龙葵素较高,极易引起家兔中毒。

二、绿色植物饲料的调制和加工技术

（一）青干草的调制和保藏

青干草的质量受植物种类、收割时间、调制技术和贮藏方法等诸多因素的影响。优质干草呈绿色,质地柔软,具芳香味,营养价值高,适口性好。人工干燥的优质豆科牧草含有较高的蛋白质、维生素和矿物质,尤其是叶片中的粗蛋白质含量占整个植株总含量的 80％左右,胡萝卜素的含量也较茎秆类高 10～20 倍。禾本科青干草虽比不上豆科干草,但粗蛋白质含量也在 7％～15％,比禾本科秸秆含量高 2 倍左右,而且粗纤维也比秸秆少 50％左右。

青草收割的时间,对青干草的营养价值影响颇大,故必须适时收割。一般来说,禾本科植物宜在抽穗期收割,豆科植物宜在开花初期收割。因为随着植物的成熟,粗纤维含量增加而粗蛋白质和维生素含量相对减少,致使总营养价值降低。

1. 青干草调制方法　有自然干燥法和人工干燥法两种。人工干燥法有优点,但需要一定的设备、投资,根据目前农村的条件推广应用尚不成熟。自然干燥法是当前普遍采用的简单易行的方法,现介绍如下。

（1）晒干法　将刈割的青草薄薄的摊在平整干净的地面

上,让风吹、日晒,每 4～5 个小时上下翻动一次,当水分含量降至 50%(半干)时堆成小草堆,让其慢慢阴干,促进植物水解酶的活动,提高干草中赖氨酸和色氨酸的含量。当水分含量降低到 40% 时,将小草堆合并成稍大的草堆,继续日晒加快干燥速度,但又不能曝晒时间过长,主要是防止叶片脱落,尤其是豆科植物如苜蓿干草等。当水分含量降至 15% 左右时(此时用手捏草已没有湿软的感觉,取一束草紧拧,草秆虽裂缝但尚未断),就基本调制好了,即可堆垛贮藏。

(2)阴干法　将收割的青草搭挂在通风良好的木架或铁丝上,避免曝晒和雨淋,让其慢慢阴干。这种方法适用于数量不大和品质较好的饲料植物,如苜蓿、黑麦草和聚合草等。

据测定,天然晒制的干草,其干物质损失 20%～25%,粗蛋白质损失约 30%,总能损失 40% 左右,胡萝卜素几乎损失殆尽。如遇阴雨天,损失更大,可溶性养分大部分流失或被微生物消耗,维生素全被破坏,总养分损失高达 50% 以上。阴干法虽比不上人工干燥法,但可以最大限度地减少营养物质受阳光曝晒造成的损失。

2. 青干草的贮藏　贮藏方法是保障干草质量的关键。即使是已调制好的优质干草,倘若贮藏方法不妥,不仅降低干草的质量而且使部分或全部的干草发生霉烂变质,甚至还会因植物发酵产生高温而引发干草自燃焚毁。贮藏干草的关键在于防雨、防潮和防火。

(1)防雨　目前以堆草垛的方式较普遍。草垛有圆形和长方形两种,无论哪一种都必须盖好垛顶。垛顶要堆成约 45° 的斜坡,用草席或塑料布覆盖并用绳子捆扎好,防止垛顶被风吹落。南方多雨,还应在草垛周围挖好排水沟。

(2)防潮　选择高燥、平坦的场地堆放干草,必要时还须在垛底垫些木头、树枝或农作物秸秆,以防地面湿气浸入草垛。

(3)防火 草垛应远离火源,也不能堆在道路旁。草垛要收拾整齐,防止引发火灾。一般较小的干草垛不会引起自燃。

(二) 饲料的青贮

青贮是长期保持青绿饲料养分和多汁性的一种简单易行的好方法。在夏、秋季节将多余的青绿饲料用青贮的方法贮存起来,既可避免浪费又可解决冬、春季节青绿饲料缺乏的困难。不仅如此,饲料经青贮后原本粗硬的茎秆可以变软,而且带有乳酸香味,能促进食欲,改善饲料的适口性。

1. 青贮技术原理 简言之,青贮就是在一定的湿度、温度和厌氧环境条件下,让乳酸菌大量繁殖,使饲料中的淀粉和糖类经过发酵变成乳酸;当乳酸积累到一定浓度时,抑制了霉菌和腐败细菌等有害微生物的繁殖和活动,从而使饲料中的营养物质得以长期保存。

青贮发酵过程大体上可分为 3 个阶段:①从原料装入窖或其他容器内开始,到植物细胞停止呼吸并完全变为厌氧环境为止;②因乳酸菌大量繁殖发酵生成乳酸和少量醋酸,使pH 值在 4 以下;③青贮窖内分解蛋白质的微生物和其他有害微生物基本停止活动,各种变化基本处于稳定状态。

2. 青贮的技术条件 青贮时必须具备以下基本条件。

(1)原料含水量 青贮饲料最适宜的含水量为 65%～75%,不得少于 55%,但也不能超过 75%,以保证乳酸菌的有效活动。检查青贮原料的含水量,如果没有仪器可根据经验判断。其方法是:用双手紧拧秸秆,若有水往下滴,其含水量为 75%以上;若无水滴,但手上水分很明显,为 60%;若手上略有水分（反光），为 50%～55%；只感到手上潮湿，约为 40%～45%；若无潮湿感，则在 40% 以下。

（2）窖内温度　以控制在 20℃ 为宜，最高不得超过 37℃。温度过低影响发酵过程，温度过高则营养物质将受到极大损失。

（3）原料含糖量　青饲料的含糖量越高，越有利于青贮发酵，青贮料品质也较好。青饲料的含糖量一般宜在 1.5% 以上，以保证乳酸菌增殖时的营养需要。

（4）厌氧环境　要创造一个使乳酸菌能大量繁殖的厌氧环境，其方法就是压紧压实，不留空隙。

3. 原料选择和调配　凡可作为饲料的青绿多汁植物，均可作为青贮原料。一般容易青贮的饲料植物有青玉米秆、番薯藤、甜菜叶、甘蓝叶、黑麦草以及天然的杂草野菜等。比较难青贮的饲料植物有苜蓿、三叶草、草木樨等豆科植物。这些饲料青贮时必须与容易青贮的饲料搭配，或添加含淀粉多的麸皮、米糠等一起青贮。另外，含水量高的青绿多汁饲料应与含水量低的农作物秸秆混合青贮。

4. 青贮设施及容器　当前农村万只以上的兔场很少，多以几十只、几百只的家庭饲养户为主，而且家兔又是小家畜，饲料消耗量不大，故不需要大型的青贮设施（大型青贮窖、青贮塔），只需较小的青贮窖或缸、木桶和塑料袋即可满足需要。

（1）青贮窖　其大小应根据家兔饲养量和青贮数量的多少来决定。一般直径 1.5 米、深 2.5 米的圆形窖可青贮青玉米秆 1500～2000 千克。挖窖时要选择地势高燥、土质坚实、地下水位低的地方。窖壁要求光滑、坚实、不透气，窖底挖成锅底形。如有条件可做成水泥窖，既可保证窖的质量，又可以长期使用。

（2）青贮缸　农户用来贮存粮食或贮水的大缸，可以用来作为青贮的容器。

（3）青贮袋　用厚 0.2 毫米以上的聚乙烯塑料薄膜制成青贮袋，大小根据需要决定。一般一个塑料袋的容积以能装 250 千克青贮料为宜。

5. 青贮方法　无论选用何种容器，成功的秘诀就是踏实、压紧和密封。使好气性微生物停止繁衍，同时促使厌气性微生物——乳酸菌的增殖，产生大量乳酸。

例一，青贮窖青贮玉米秸秆

①装窖　将当天收割的青玉米秆切成 2～5 厘米长的小段，边切边装窖。如果原料过干则应均匀地洒些水，洒水的多少要视原料的干湿程度而定。已收过玉米棒的玉米秆，每 50 千克洒水 8～10 升；秸秆全绿而叶子大部分枯黄的玉米秆，每 50 千克洒水 3～5 升。每装到 30 厘米左右要踩实一次，尤其要踩实边缘部分，装一层，踩实一层，直至装满为止。装料应高出地面 30～50 厘米，呈圆顶形，再次压实，然后封顶。

②封窖　要求严密、不透气、不漏水。为达到此目的，必须在青贮原料上加盖一层约 20 厘米厚的青草或秸秆，然后盖上一层湿土，堆成馒头状并压紧、拍光表面，再在青贮窖周围挖好排水沟。封窖后几天内要经常察看，如发现裂缝或塌陷要及时填土修补，防止空气进入。

③开窖　一般经过 6～7 周后才能开窖使用。如果不开窖，在正常的情况下几年也不会坏。开窖取用时，应用多少取多少，由上至下一层一层取用，取后及时盖好，防止空气和水进入，招致青贮料霉烂变质。

④青贮料品质检查　开窖后先不要急于饲喂动物，应首先检查其品质好坏。优质者，带有酒香和苹果香气味，颜色呈

黄绿色或茶叶色,茎、叶、花都完全被保留下来。腐败霉烂的青贮料有刺鼻的腐臭味,呈污泥状,颜色为黑褐色。霉烂的饲料粘结在一起,这样的青贮料不能喂兔,只能弃之用作肥料。

例二,塑料袋青贮番薯藤 本法简便易行,花钱不多,也不要多少劳动力,贮取方便,最适合养兔数量不多的养兔户。

①原料的准备 新鲜的番薯藤茎叶含水量在80%以上,应先晾晒,使其茎叶萎缩,含水量降低到70%左右,然后切成2厘米左右长的小段,准备装袋。

②装袋 装袋时应装一层压实一层,直到装满为止。袋内不能有空隙,塑料袋也不能破损漏气,否则不能创造厌气环境,会招致青贮料腐烂。装完袋后用绳子扎紧袋口,2~3天后如发现青贮料下沉、袋内留有空隙时,应放掉空气,重新将袋口扎紧,以确保青贮料质量。

③开袋饲用 装袋后经过2个月左右就可以开袋饲用,夏季温度高,可提前开袋饲用。取时由上至下,需多少取多少,然后依旧扎好袋口。发生霉烂的部分,应弃之不用。

(三)农作物秸秆微贮

秸秆微贮,是近几年开始推广应用的微生物处理秸秆的技术。农业部向全国推荐使用的菌种,目前仅有新疆产的一种(乌鲁木齐海星农业科学技术推广站生产的"王牌活干菌")。

1. 微贮技术原理 微贮与青贮原理基本相同,不同的只是在农作物秸秆中加入高效微生物活菌种,装入密封的容器内贮藏。在适宜的湿度、温度和厌氧环境下,微生物将大量的纤维素和木质素分解并转化为糖类,糖类又经有机酸发酵菌转化为乳酸和挥发性脂肪酸,使 pH 值降至 4.5~5,从而抑制了丁酸菌、腐败菌的繁殖,使营养价值极低的农作物秸秆变为具有酸香味的优质饲料。

2. 制作微贮料的方法步骤

(1)菌种复活　将3克干菌种溶于200毫升的清水中,再加入2克白砂糖,搅拌均匀静置1～2小时,在常温条件下使菌种复活。复活后的浓缩菌液一定要当天用完,不可隔夜使用。

(2)配制菌液　按1000千克麦秸或稻草量计算,需食盐12千克,水1200升,配成1%的食盐溶液,然后加入已复活好的浓缩菌液。

(3)装窖　贮料的含水量为60%～70%。将秸秆切成2～3厘米的小段,装窖时先在窖底放一层约30厘米厚的已切短的秸秆,再将已配制好的菌液均匀的喷洒在秸秆上,并用脚踩实。如此装一层,喷洒一层,踩实一层,连续作业,直到高出窖口40厘米,最后封口。装料的要诀与青贮基本相同,即踩实、压紧、不留空隙。在微贮稻草、麦秸时,如能添加0.5%的玉米粉或麸皮,效果更好。

(4)封窖　要求和方法与青贮玉米基本相同,惟最上层每平方米撒250克食盐。

微贮数量不大的可不用窖,改用缸或塑料袋亦可。

3. 开窖与饲用　封窖后1个月开窖饲用为宜,过早不成熟,过晚易发生二次发酵。开窖后用多少取多少,逐层取料,每次取料后应及时用塑料布将窖口封严,必要时还可搭一防雨棚。

饲喂前应先检查微贮料品质,从感观、气味和手感几方面来鉴别优劣。一般而言,稻草、麦秸微贮料的正常颜色为金黄色,青玉米秸微贮料呈橄榄绿色;具有酒香或果香气味;手感质地松软、湿润。如果出现墨绿色并有腐臭味，而且手感发粘的微贮料，应弃之不用。

品质正常的微贮料在饲喂时也不能单一、大量饲喂，应与其他饲料搭配饲用。严冬季节可将微贮料放在室内提温后再喂。因微贮料在制作过程中加入了食盐，故在日粮中应酌情减少食盐的添加量。

（四）秸秆氨化

早在 20 世纪 30 年代，德国就已开始研究试验秸秆氨化技术。我国从 80 年代开始研究秸秆氨化技术，1987 年开始向全国推广，1993 年我国氨化秸秆总量已跃居世界首位。什么叫氨化？简言之，就是用氨水、液态氨或尿素溶液按一定比例喷洒在农作物秸秆上，在密封的条件下经过一段时间的处理，以提高秸秆饲用价值的方法。

1. 氨化技术原理　秸秆中的纤维素、半纤维素有一部分与木质素紧密结合在一起，不易被家畜消化和吸收，故借助氨化解决这一难题。氨化是一个复杂的物理、化学作用过程。

（1）碱化作用　使纤维素、半纤维素与木质素分离，而且能使植物细胞壁膨胀，促使坚硬的纤维结构变得松软，增加了细胞的渗透性，有利于盲肠中的微生物的直接参与并发挥作用，最终被畜体消化利用。

（2）氨化作用　氨水和尿素是含氨化合物，被分解后生成氨气，可与秸秆中的有机物质形成铵盐（一种非蛋白氮的化合物），给盲肠中的微生物提供氮素营养源，进而合成菌体蛋白，被动物消化吸收利用。

（3）中和作用　氨与秸秆中的有机酸化合，中和了秸秆中的酸度，为家兔盲肠微生物活动创造了良好的环境条件，更有利于提高饲料的消化率。

总之,秸秆通过氨化处理,粗蛋白质含量提高 1～2 倍,消化率提高 20%,粗纤维含量降低 10% 以上,总营养价值提高 1 倍以上。不仅如此,秸秆氨化后还可以防止霉变,杀灭寄生虫卵和病菌。

2. 氨源的选择 目前秸秆氨化的氨源主要有液氨、碳铵、尿素和氨水等几种,它们各有其优缺点。当前我国农村一般常用的有尿素和氨水,但液氨具有潜在的发展前途。现分述如下。

(1)**尿素** 是农村常用的一种化肥,含氮量为 46.67%,作为秸秆氨化的氨源,其用量为秸秆干物质重量的 4%～5%,效果仅次于液氨。它的优点是购买方便,用于氨化秸秆不需要复杂的设备,对密封要求也不那么严格。

(2)**碳铵** 农用碳铵的含氮量为 15%～17%,氨化时用量为秸秆干物质重量的 8%～12%。它的优点是供应充足,价格便宜,操作方便,且效果好。尤其在我国南方梅雨季节碳铵处理的秸秆能有效抑制杂菌生长。但碳铵在低温下不易分解,冬季处理秸秆需较长时间。

(3)**氨水** 含氮量较低,一般浓度为 20%,氨化时用量约为秸秆重量的 12%。氨水虽然便宜,但因含氮量低,容积颇大,长途运输不方便,仅适宜在临近化工厂的地方应用。

(4)**液氨** 一般含氮量为 82.3%,常用量为秸秆干物质重量的 3%。氨化效果最好,但需要高压容器贮运,安全和使用技术要求较高,目前在我国农村推广应用尚有一定难度。

3. 秸秆氨化方法 适合我国农村养兔户的氨化方法主要有窖(池)氨化法、缸氨化法和塑料袋氨化法。

(1)**窖(池)氨化法** 它可一物多用,既可氨化秸秆亦可青贮饲料，一次投资多年使用。随着国家秸秆养畜示范项目的实施，许多地方已建立起永久性的氨化、青贮窖（池）。窖（池）的大小可根据实际需要确定，一般每立方米的窖（池）可装切短的麦秸 150 千克左右。装窖（池）的方法与青贮和微贮的方法基本相同，如果不是水泥池，为防止氨液渗漏应在窖底铺一层塑料薄膜，将事先称好的秸秆切成长 2 厘米左右的小段（粗硬的宜短些，柔软的可稍长些）装窖，边装边踩实，秸秆要高出地面 50 厘米并堆成馒头形，然后浇洒尿素溶液或氨水，每100 千克秸秆加 10% 的碳铵溶液 40 千克，或 5% 的尿素溶液40 千克，或氨水 15 千克。浇洒完后将秸秆压紧，盖上塑料薄膜并进行密封。窖周围挖好排水沟，防止积水渗入窖内。处理时间，根据环境温度来确定。

环境温度	处理时间
5℃ 以下	8 周以上
5℃～15℃	4～8 周
15℃～30℃	1～4 周
30℃ 以上	1 周

（2）缸氨化法　采用农村装水的大缸，将切短的秸秆装入缸内（秸秆装前称重），浇洒尿素溶液或氨水的比例参考窖（池）氨化法，具体数量应根据装入缸内秸秆的实称重量来折算。氨液浇洒完毕后，用塑料薄膜覆盖、封严并用绳子扎紧。处理时间参照窖（池）氨化法。

（3）塑料袋氨化法　用厚 0.2 毫米以上的聚乙烯塑料薄膜制成塑料袋，大小根据需要确定，质量要求坚实、不破、不漏气。也可以利用饲料厂装饲料的双层袋（外层为蛇皮袋，内层为聚乙烯塑料袋），将切短的秸秆装入袋内，再浇洒氨水或10% 的尿素溶液，比例同窖（池）氨化法。具体浇洒数量根据所装秸秆的实际重量来折算,最后应扎紧袋口。夏天气温高时,宜将塑料袋放置在阴凉处。氨化处理时间与窖(池)氨化法同。

4. 开封饲用 经氨化处理好的秸秆可以开封饲用。但开封后由于氨气味很浓,不能马上饲喂家畜,必须将氨化好的秸秆全部取出,摊在水泥地上晾晒,充分放掉氨气后才能饲用。一般认为,氨化秸秆随时处理随时饲用营养价值高,适口性好。但短时间饲用不完或为了解决冬季饲料缺乏的困难,也可将氨化秸秆晒干后贮存起来备用。不开封的氨化秸秆可以长期保存。

(五) 树叶粉的加工和利用

凡无毒的树叶均可加工成各种叶粉,作为蛋白质、维生素和微量元素的补充饲料。营养价值较高的树叶有刺槐叶、白槐叶、松针、榆叶、桑叶等。它们的共同特点是:干物质多,含水量低;蛋白质含量高,维生素和微量元素也较丰富。但含有不同程度的鞣酸,其味苦涩,适口性较差(榆叶、桑叶除外)。故最适宜加工成各种树叶粉,与其他饲料配合成混合饲料或加工成颗粒饲料喂兔,以扬长避短。据测定,1 吨刺槐叶粉的营养价值相当于 1 吨谷物的营养价值;1 千克松针粉中含胡萝卜素 60~90 毫克。

1. 加工方法 不同种类的树叶因含水量不同,营养成分亦有差异,尤其鞣酸含量差异较大,故宜分别采集,分别加工和贮存。

(1)干燥 如无人工干燥设备,可采用自然干燥法。将采集的鲜树叶放在避光、通风干燥的地方,让其自然干燥。摊放的厚度不宜太厚,否则易导致树叶发热,影响质量。也不能曝晒,以免维生素被破坏。

我国北方农村每家都有土炕,可以作为临时的烘床利用。可将树叶摊在炕上烘干,但温度不要过高,防止将树叶烤焦,当水分下降到 14％以下(用手揉搓树叶可成碎末)时,即可进行粉碎。

(2)粉碎　将不同种类的干燥树叶分别用粉碎机粉碎,如无粉碎机,也可用石碾子或石磨将其粉碎成粉状,即可收藏。

(3)密封贮存　将不同种类的树叶粉分别用塑料袋或米缸密封贮存。应放置在避光、通风、干燥之处。据测定,松针粉在室内贮藏 2 个月,其胡萝卜素损失达 46％。因此,宜少量多次制作。

2. 合理饲用树叶粉　树叶粉应与其他饲料配合应用,除榆、桑树叶粉外,其他树叶粉的添加量应控制在日粮总量的5％～10％以内。否则事与愿违,轻则降低饲料适口性,降低采食率,重则出现便秘等消化道疾病。

第八章　家兔的饲养管理

科学的饲养管理技术是养好家兔、取得高产优质产品的关键之一。如果饲养管理不当,即使有优良的兔种、丰富的饲料、合适的兔舍,仍然会使家兔生长发育不良、品种退化、抗病力差、死亡率高。因此,要养好家兔,必须采用科学的饲养管理技术。

一、家兔的饲养方式

(一) 笼　饲

根据国内外的养兔经验,笼饲是一种经济效益最好的饲养方法。笼饲的优点是可以定时、定量供给饲料,有利于饲养管理;可以控制配种繁殖,有利于进行选种选配;有利于防病、治病,减少疾病传染。缺点是造价较高,而且兔子运动量不足。因此,最好配置一定面积的运动场,对幼兔和种兔安排适当的运动时间。

笼饲根据笼位存放地点,可分为舍内笼饲、舍外笼饲和移动式笼饲3种。

1. 舍内笼饲　就是修建正规兔舍或简易兔舍,把兔笼放在兔舍内。我国大型兔场大多采用这种方法,夏季易防暑,冬季易保暖,平时能防兽害。

2. 舍外笼饲　就是把兔笼整年放在舍外。家庭养兔可利用屋檐或走廊放置兔笼。养兔头数较多的专业户,可在庭院或树荫下搭一个简易小棚,把兔笼放在棚内。经验证明,这是农村中比较理想的一种养兔方式。

3. 移动式笼饲　这种饲养方式,就是冬天把兔笼搬进室内,夏季搬到室外,兔笼轻便,可以移动。这种饲养方式特别适合于家庭养兔和冬季气候严寒的北方地区。

（二）洞　饲

洞饲就是把家兔饲养在地下窑洞里。我国东北和华北地区采用这种饲养方式者较多,是一种既经济简单,生产效率又很高的养兔方式,特别适宜于饲养肉用兔和皮肉兼用兔。对于毛用兔,因兔体容易沾污泥土而影响兔毛质量,所以不宜采用洞饲方式。

（三）栅　饲

栅饲就是在室外空地或室内就地筑起栅圈,将兔放在圈内饲养,每群 20～30 只。这种方式适用于饲养肉用兔或皮用兔。种公兔应采取单独笼饲,怀孕母兔最好单独分圈饲养。为了保持兔舍清洁卫生,场地应每天清扫,室内每隔 3～5 天换垫草 1 次,定期消毒,以减少疾病传染。

（四）放　饲

放饲就是把兔群长期放牧在饲养场上,任其自由活动、采食、配种繁殖。这是一种比较粗放的饲养方式,适宜于饲养肉用兔或皮用兔。放饲兔以选用抵抗力强、繁殖力高的品种为宜。放饲兔的占地面积,一般以每只兔占有 1 平方米为宜。夏、秋季牧草丰盛,不用另外补料,每天只需饲喂清水,每周喂 1 次盐水即可。其他季节应看牧草生长情况,适当补加饲料。

二、饲养管理的一般原则

（一）青料为主，精料为辅

兔为草食动物，饲料应以青饲料为主，精饲料为辅。据试验，家兔日粮中一般青饲料应占全部日粮的 40%～70%。家兔采食青饲料的数量，大致为本身体重的 10%～30%，体重3.5～4 千克的成年家兔，每天采食的青草量为 400～450 克。据报道，一年四季只要有优质青饲料，就可养好家兔。从养兔实践来看，家兔最喜欢采食的饲料是植物茎叶（如青草、青菜、瓜类、果皮）、块根类（如甘薯、萝卜、甜菜等），精饲料中喜欢采食大麦、玉米、小麦等。家兔具有喜欢采食颗粒饲料的生活习性。据试验，一般家兔每天饲喂其体重 3%～5% 的全价颗粒饲料，就能维持家兔的良好体况。

但是，家兔具有生长快、繁殖力高、体内代谢旺盛等特点。因此，需要从饲料中获得多种养分才能满足需要，如果单用青饲料养兔也就不能取得最佳经济效益，必须补喂适量的精饲料。据试验，最适宜的精、青料比例，肉用生长兔、怀孕兔、长毛兔为 1：1；泌乳母兔为 6：4；公兔及空怀母兔为 3：7。

（二）合理搭配，逐渐变换

根据我国目前家兔饲料来源的实际情况，要满足家兔对能量、蛋白质、脂肪、矿物质和各种维生素的需要，须特别注意饲料的合理搭配。饲料多样化，对提高饲料蛋白质的利用率有更显著的作用。例如，禾本科籽实及其副产品一般含赖氨酸和色氨酸较低，而豆科籽实及其副产品含赖氨酸和色氨酸较多。所以,在生产实践中为了提高饲料的利用价值,经常采用多种饲料搭配使用,这样不但能起到提高日粮蛋白质含量和利用率的作用,而且也能使其他营养物质互补余缺,保证家兔能够获得全价的营养物质。即使青饲料也是如此,俗话说"若要兔子好,喂饲百样草",就是这个道理。

另外,饲料供应常随季节而变化。例如,夏、秋季节青绿饲料较多,冬、春季节干草和根茎类饲料较多,这种因季节或饲料来源确须变更日粮时,应该掌握逐渐变换的原则。先喂以少量的新饲料,经过1周时间的更换过程,可使家兔的消化功能逐渐适应新的饲料条件。如果饲料突然改变,往往容易引起兔子的食欲降低或消化功能紊乱,甚至发生腹泻、便秘等消化道疾病。

(三)定时定量,添喂夜草

家兔的饲喂方法有三种。第一种为自由采食,即经常备有饲料和饮水,任家兔自由采食,常用的饲料有颗粒饲料或饲草。第二种为分次饲喂,即每天定时定量投给饲料,使家兔习惯在短时间内采食投给的饲料。每天喂饲次数,一般成年兔为3~4次,青年兔为4~5次,幼兔可增加到5~6次。通常精饲料分2次,青饲料分3次喂给。第三种为混合法,即基础饲料(青绿饲料、多汁饲料和粗饲料)采取自由采食方式,补充饲料(精饲料或颗粒饲料)采取分次喂给。

据观察,在自由采食情况下,家兔每天采食25~30次,每次采食时间约5分钟,采食饲料为2~8克。各种饲料在家兔消化道内的消化吸收时间很不一样。在胃内的消化时间:块根和蔬菜类为2~3小时;青草类为3~4小时;青贮料为4~5小时;精饲料为5~8小时;干草类8~12小时。家兔夜间采食量占全日粮的一半以上。一般在光照开始后 2 小时食量降低到最低水平,而在黑夜来临前几小时明显提高,整个夜间都保持着较高的水平。因此,夜间(最好是晚上 9 时以后)加喂一次饲料,对家兔的生长和健康都很有好处。

(四) 饲料调制,注意品质

为了改善饲料的适口性和提高消化率,各种饲料在饲喂之前必须进行适当的加工调制。

青草和蔬菜类饲料应先剔除有毒、带刺植物,如受污染或夹杂泥沙则应清洗后晾干再喂。水生饲料更要注意清除霉烂、变质和污染部分,最好晾干后再喂。对含水量高的青绿饲料应与干草搭配饲喂,单喂效果不好。

块根类饲料,要经过挑选、洗净、切碎,最好切成细丝与精料混合喂给。冰冻块根饲料一定要解冻或煮熟后方可饲喂。

谷物饲料(大麦、玉米、小麦等)和饼粕类饲料均须磨碎或压扁,最好与干草粉混合拌湿饲喂或者制成颗粒饲料喂给。

粗饲料(干草、秸秆、树叶等)应先清除尘土和霉变部分,最好粉碎制成干草粉与精料混合拌水或制成颗粒饲料饲喂。

喂兔的饲料必须清洁、新鲜。青饲料不可贮存过久,霉烂、霜冻、露水草对家兔都是有害的。对仔兔和怀孕母兔更应重视饲料品质,以免引起胃肠炎和流产。

(五) 保持安静,防止骚扰

家兔胆小怕惊,一旦受惊,就会引起精神不安,食欲减退,甚至死亡。如福建省平和县有的养兔专业户,春节时在兔舍周围燃放电光炮,由于鞭炮燃放多,响声久,家兔受到突然刺激,仅两天内相继死亡 67 只,尸体剖检多数呈胆囊肿大或破裂。江苏农学院也有类似的报道,4只德系长毛兔因受拖拉机噪音惊吓,结果心脏溢血致死。另据试验,饲养在安静兔舍中的3～4月龄幼兔,每月增重一般均在 0.5 千克以上,而饲养在受到骚扰兔舍中的同龄幼兔,则增重很少,甚至没有增重。因此,要养好家兔,兔舍四周必须保持安静,防止骚扰。

(六) 适当运动,增强体质

室外运动能促进家兔新陈代谢,增进食欲,增强抗病能力,减少母兔空怀和死胎,提高产仔率和仔兔的成活率。栅饲或放饲家兔一般不会缺少运动,而笼养家兔因活动面积较小,容易引起运动不足。为增强家兔体质,应适当增加运动,最好在兔舍周围设几个面积为 15～20 平方米的沙质或水泥场地,四周围以 1 米高的围栏,每周将兔放出运动 1～2 次,每次让其自由活动 1～2 小时。放出运动时,公母兔要分开,以免混交滥配。对殴斗的家兔应及时提出,以防致伤。运动结束后应按原号归笼,不要放错笼位。

(七) 注意观察,防治疾病

与其他家畜相比,家兔的抗病能力较弱,霉变饲料、潮湿环境、各种应激因素(惊吓、追捕、转群、拥挤、饲料、温度、湿度等)都可能导致家兔发病。因此,应加强对兔群的观察工作。一般每天早晚各检查一次,密切观察兔子的精神好坏、食欲强弱、活动状态,以便及时发现问题,做到无病早防,有病早治。要严格遵守防疫规程,以杜绝各种传染病的发生和蔓延。

三、各类兔的饲养管理

（一）种公兔的饲养管理

对种公兔的饲养要求是使其发育良好，体格健壮，性欲旺盛。

1. 营养与饲料 种公兔的饲养水平会直接影响到配种能力和精液品质。因此，在饲养上要注意营养的全面性和长期性，特别是蛋白质、矿物质、维生素等营养物质，对保证精液数量和质量有着重要作用。据试验，长期饲喂低蛋白质日粮，会引起精液品质和数量下降。生产精液必需的氨基酸有色氨酸、胱氨酸、组氨酸、精氨酸等。不仅制造精液需要蛋白质，而且在性功能的活动中，诸如激素、各种腺体的分泌物以及生殖系统的各器官也随时需要蛋白质加以修补和滋养。实践证明，对精液品质不佳的种公兔，如果每天补喂浸泡过的黄豆20粒或豆饼、蚕蛹及豆科饲料中的紫云英、苜蓿等，就能显著提高精液的品质和受胎率。

维生素与公兔的配种能力和精液品质有密切关系。青绿饲料中含有丰富的维生素，所以一般不会缺乏，但冬季青绿饲料少，或常年饲喂颗粒饲料而不喂青饲料时，容易出现维生素缺乏症。特别是缺乏维生素 A 时，会引起公兔睾丸精细管上皮变性，精子数减少，畸形精子数增加。如能及时补喂青草、菜叶、胡萝卜、大麦芽或多种维生素就可得到纠正。

矿物质对公兔的精液品质也有明显影响，特别是钙，亦为制造精液所必需。如果日粮中缺钙，则精子发育不全，活力降低。日粮中有精料供应时，一般不会缺磷，但要注意钙的补充,钙、磷比例应为 1.5～2：1。如在精料中能经常供给 2%～3%的骨粉、蛋壳粉或贝壳粉,就不会出现钙、磷缺乏症。

对种公兔的饲养,除应注意营养的全面性之外,还应着眼于营养的长期性,因为精细胞的发育过程需要一个较长的时间。实践证明,饲料变动对精液品质的影响很缓慢,对精液品质不佳的公兔改用优质饲料来提高精液品质时,要长达 20 天左右才能见效。因此,对一个时期集中使用的种公兔,在配种前 20 天左右就应调整日粮,达到营养价值高、营养物质全面、适口性好的要求。

2. 运动与管理　3 月龄以上的公母兔要分开饲养,以防滥配早配。未到配种年龄的公兔不能用来配种,以免影响发育,造成早衰。种公兔宜一笼一兔,配种时应将母兔放入公兔笼内,不应将公兔放入母兔笼内。种公兔的配种次数,一般以每天 1～2 次为宜,连续 2 天应休息 1 天。如果连续使用,则会出现公兔瘦弱,精液品质下降,影响配种效果及使用年限。换毛期间的公兔不宜配种,因为换毛期间消耗营养较多,体质较差,如果配种,则会影响公兔健康和母兔受胎率。另外,在配种期还要加强对公兔的健康检查,发现食欲不振,粪便异常,精神委靡,应立即停止配种,采取防治措施。要定期检查公兔生殖器,如有炎症或其他疾病时,应及时治疗。

(二) 种母兔的饲养管理

1. 空怀母兔的饲养管理　母兔空怀期就是指仔兔断奶到再次配种怀孕的一段时期,又称休闲期。

(1)空怀母兔的生理特点　空怀母兔由于在哺乳期消耗了大量养分,身体比较瘦弱,所以需要各种营养物质来补偿,以提高其健康水平。休闲期一般为 10～15 天。如果采用频密繁殖法则没有休闲期,仔兔断奶前配种,断奶后就已进入怀孕期。

(2)空怀母兔的饲养 饲养空怀母兔营养要全面,在青草丰盛季节,只要有充足的优质青绿饲料和少量精料就能满足营养需要。在青绿饲料枯老季节,应补喂胡萝卜等多汁饲料,也可适当补喂精料。空怀母兔应保持七八成膘的适当肥度,过肥或过瘦的母兔都会影响发情、配种。要调整日粮中蛋白质和碳水化合物含量的比例,对过瘦的母兔应增加精料喂量,使其迅速恢复体膘;过肥的母兔要减少精料喂量,增加运动。

(3)空怀母兔的管理 对空怀母兔的管理应做到兔舍内空气流通,兔笼及兔体要保持清洁卫生,对长期照不到光线的母兔要调换到光线充足的笼内,以促进机体的新陈代谢,保持母兔性功能的正常活动。对长期不发情的母兔可采用异性诱导法或人工催情。

2. 怀孕母兔的饲养管理 母兔怀孕期就是指配种怀孕到分娩的一段时期。母兔在怀孕期间所需的营养物质,除维持本身需要外,还要满足胚胎、乳腺发育和子宫增长的需要,所以需消耗大量的营养物质。据测定,体重3千克的母兔,胎儿和胎盘的总重量可达 650 克以上。其中,干物质为 16.5%,蛋白质为 10.5%,脂肪为 4.5%,矿物质为 2%。21 日胎龄时,胎儿体内的蛋白质含量为 8.5%,27 日胎龄时为 10.2%,初生时为 12.6%。与此同时,怀孕母兔体内的代谢速度也随胚胎发育而增强。

(1)怀孕母兔的饲养 怀孕母兔在饲养上主要是供给母兔全价营养物质。根据胎儿的生长发育规律,可以采取不同的饲养水平。怀孕前期(胚期和胚前期)因母体器官和胎儿的增长速度很慢,需要营养物质不多,饲养水平稍高于空怀母兔即可。怀孕后期因胎儿的增长速度很快,需要营养物质很多,饲养水平应比空怀母兔高 1～1.5 倍。但是,怀孕母兔如果营养供给过多,使母兔过度肥胖,也会带来不良影响,主要表现为胚胎着床数和产后泌乳量减少。据试验,在配种后第九天观察受精卵的着床数,结果高营养水平饲养的德系长毛兔胚胎死亡率为 44%,而正常营养水平饲养的只有 18%。所以,一般怀孕母兔在自由采食颗粒饲料的情况下,每天喂量应控制在 150～180 克;在自由采食基础饲料(青、粗料)、补加混合精料的情况下,每天补加的混合精料应控制在 100～120 克。

怀孕母兔所需要的营养物质以蛋白质、矿物质和维生素为最重要。蛋白质是组成胎儿的重要营养成分,矿物质中的钙和磷是胎儿骨骼生长所必需的物质。如果饲料中蛋白质含量不足,则会引起死胎增多、仔兔初生重降低、生活力减弱。矿物质缺乏会使仔兔体质瘦弱,容易死亡。所以,保持母兔怀孕期,特别是怀孕后期的适当营养水平,对增进母体健康,提高泌乳量,促进胎儿和仔兔的生长发育具有重要作用。

(2)怀孕母兔的管理　怀孕母兔的管理工作,主要是做好护理,防止流产。母兔流产一般在怀孕后 15～25 天内发生。引起流产的原因可分为机械性、营养性和疾病等。机械性流产多因捕捉、惊吓、不正确的摸胎、挤压等引起。营养性流产多数由于营养不全,突然改变饲料,或因饲喂发霉变质、冰冻的饲料等引起。引起流产的疾病很多,如巴氏杆菌病、沙门氏菌病、密螺旋体病以及生殖器官疾病等。为了杜绝流产的发生,母兔怀孕后要一兔一笼,防止挤压;不要无故捕捉,摸胎时动作要轻;饲料要清洁、新鲜;发现有病母兔应查明原因,及时治疗。

管理怀孕母兔还需做好产前准备工作,一般在临产前3～

4天就要准备好产仔箱,清洗消毒后在箱底铺上一层晒干敲软的稻草。临产前1～2天应将产仔箱放入笼内,供母兔拉毛筑巢。产房要有专人负责,冬季舍内要防寒保温,夏季要防暑防蚊。

3. 哺乳母兔的饲养管理 母兔自分娩到仔兔断奶这段时期称为哺乳期。母兔哺乳期间是负担最重的时期,饲养管理得好坏对母兔、仔兔的健康都有很大影响。母兔在哺乳期,每天可分泌乳汁60～150毫升,高产母兔可达200～300毫升。兔奶除乳糖含量较低外,蛋白质和脂肪含量比牛、羊奶高3倍多,矿物质高2倍左右。据测定,母兔产后泌乳量逐渐增加,产后3周左右达到泌乳高峰期,之后泌乳量又逐渐下降。

(1)哺乳母兔的饲养 哺乳母兔为了维持生命活动和分泌乳汁,每天都要消耗大量的营养物质,而这些营养物质又必须从饲料中获得。所以饲养哺乳母兔必须喂给容易消化和营养丰富的饲料,保证供给足够的蛋白质、矿物质和维生素。如果喂给的饲料不能满足哺乳母兔的营养需要,就会动用体内贮藏的大量营养物质,从而降低母兔体重,损害母兔健康和影响母兔产奶量。

饲喂哺乳母兔的饲料一定要清洁、新鲜,同时应适当补加一些精饲料和矿物质饲料,如豆饼、麸皮、豆渣以及食盐、骨粉等,每天要保证充足的饮水,以满足哺乳母兔对水分的要求。

饲养哺乳母兔的好坏,一般可根据仔兔的粪便情况进行辨别。如产仔箱内保持清洁干燥,很少有仔兔粪尿,而且仔兔吃得很饱,说明饲养较好,哺乳正常。如尿液过多,说明母兔饲料中含水量过高;粪便过于干燥,则表明母兔饮水不足。如果喂给发霉变质饲料,还会引起下痢和消化不良。

有的兔场采用母兔与仔兔分开饲养,定时哺乳的方法,即平时将仔兔从母兔笼中取出,安置在适当地方,哺乳时将仔兔送回母兔笼内。分娩初期可每天哺乳 2 次,每次 10～15 分钟。20 日龄后可每天哺乳 1 次。这种饲养方法的优点是:可以了解母兔泌乳情况,减少仔兔吊奶受冻;掌握母兔发情情况,做到及时配种;避免母仔抢食,增强母兔体质;减少球虫病的感染机会;培养仔兔独立生活能力。

(2)哺乳母兔的管理　哺乳母兔的管理工作主要是保持兔舍、兔笼的清洁干燥,应每天清扫兔笼,洗刷饲具和粪尿板,并要定期进行消毒。另外,要经常检查母兔的乳头、乳房,了解母兔的泌乳情况,如发现乳房有硬块,乳头有红肿、破伤等情况,要及时治疗。

(三) 仔兔的饲养管理

从出生到断奶这一时期的小兔称为仔兔。对仔兔的饲养管理又可分为睡眠期和开眼期。睡眠期指初生到 12 日龄的仔兔,除了吃奶外,全部时间都是睡觉。开眼期是指开眼起到断奶时的仔兔。这两个时期是仔兔生长发育中的重要时期。

1. 仔兔的生理特点　初生仔兔体表无毛,无调节体温的能力,体温往往随外界环境的变化而变化,一般在产后 10 天左右才开始恒定。所以,冬季气候寒冷,兔舍温度较低,容易冻死仔兔。初生仔兔的视觉和听觉还未发育完善,所以眼睛是闭着的,耳孔是封着的,一般在生后 8 天耳孔张开,12 天睁开眼睛。仔兔的生长发育很快,生下后就会吃奶。母兔最初 1～2 天内分泌的乳汁称为初乳,含有丰富的营养,并能起帮助幼兔排泄胎粪的轻泻作用。初乳中还含有酶和抗体,对初生仔兔的生长发育是不可缺少的。

2. 睡眠期仔兔的护理

(1)强制哺乳 有些母兔护仔性不强,尤其是初产母兔,产仔后不给仔兔哺乳,使仔兔缺奶挨饿,如不及时处理,就会引起仔兔死亡。在这种情况下,可采取强制哺乳措施。方法是将母兔固定在巢箱内,使其保持安静,将仔兔安放在母兔乳头旁,让其自由吮乳,每天强制4～5次,3～5天后,母兔便会自动喂奶。

(2)调整仔兔 在生产实践中经常出现有些母兔产仔数多,有些母兔产仔数少。为此,要做好仔兔的调整寄养工作,一般泌乳正常的长毛兔可哺育仔兔4～5只,短毛兔可哺育6～8只。方法是先将仔兔从巢箱内取出,按体型大小、体质强弱分窝,然后在仔兔身上涂上数滴母兔的乳汁或尿液,以扰乱其嗅觉,防止母兔咬伤或咬死仔兔,并注意母兔哺乳情况。

(3)人工哺乳 如果仔兔出生后母兔死亡、无奶、患有乳房疾病不能哺乳或无适当母兔寄养时,可采用人工哺乳法。人工哺乳可用牛奶、鲜羊奶或炼乳代替,有条件的地方可用鲜牛奶200毫升,加鱼肝油3毫升、食盐2克、鲜鸡蛋1个,这种混合物的营养价值很高。喂饲前要煮沸消毒,然后冷却到37℃～38℃,装入玻璃滴管、注射器或塑料眼药水瓶,让仔兔自由吸吮。

(4)防止鼠害 仔兔生后4～5天内最易遭受鼠害,有时会全窝仔兔被老鼠咬死、吞食,应特别注意将兔笼兔窝严密封闭,勿使老鼠出入。在无法堵塞笼、窝漏洞的情况下,可将巢箱统一编号,晚间集中防护,日间送回原笼,定时哺乳。

3. 开眼期仔兔的护理

(1)抓好补料关 仔兔开眼后因生长发育很快,而母乳已开始减少,往往不够仔兔食用,就需开始采食饲料。因此,肉用兔、皮用兔一般在 16 日龄,毛用兔在 18 日龄即开始补料,喂给少量容易消化而又营养丰富的饲料,如豆浆、牛奶或米汤和剪碎的嫩青草、菜叶等,20 日龄后可加喂麦片或豆渣和少量木炭粉、矿物质、抗生素和洋葱、大蒜等,以增强体质,减少疾病。

仔兔胃小,消化力弱,但生长发育很快。因此,开始补料时应少喂多餐,最好每天喂 5~6 次。到 30 日龄后可逐渐转变为以饲料为主,母乳为辅,直到断奶。

仔兔开食后最好与母兔分笼饲养,每天哺乳 1 次。这样可使仔兔采食均匀,安静休息,减少接触母兔粪便的机会,以防感染球虫病。

(2)抓好断奶关　仔兔断奶时间,目前很不一致,有的在 21~24 日龄断奶,有的在 28~30 日龄断奶,有的在 40~45 日龄断奶。断奶时间的早晚,应根据饲养水平、繁殖制度和仔兔发育情况而定。饲养水平高、仔兔发育好的可早些断奶,肉用兔、商品兔可较毛用兔、种用兔早些断奶。据试验,仔兔在 4,6,8 周龄时断奶对以后幼兔的增重、饲料利用率和经济效益无明显的影响,关键是搞好断奶幼兔的饲养管理。所以,如果对断奶兔能做到饲养得当,管理周到,适当提早断奶,能使母兔恢复体况和缩短产仔间隔时间,对家庭养兔极为有利。

断奶方法,一般采用一次性断奶,即全窝仔兔与母兔一次分开。另一种方法是分批断奶,即先把发育好的仔兔与母兔隔离,留下发育差的仔兔再哺乳一段时间后隔离。不论采用哪一种断奶方法,都应注意把母兔从原来兔笼中取出隔离,让仔兔留在原笼中饲养一个时期,以避免环境骤变,使仔兔发生不利的应激反应。

(四) 幼兔的饲养管理

幼兔是指断奶后到 3 月龄的小兔。

1. 幼兔的生理特点　幼兔由于刚刚断奶,正是由哺乳过渡到完全采食饲料时期,同时又正值第一次年龄性换毛和长肌肉、骨骼阶段。因此,幼兔阶段是兔一生中比较难养的时期。如果饲养管理不当,不仅会降低成活率和生长速度,而且会影响到兔群品质的提高和良种特性的体现。

幼兔由于胃内存在抗生物质,所以消化道中不能形成正常的微生物区系,这可能是引起幼兔消化道紊乱和腹泻的主要原因。幼兔阶段是生长速度较快的时期,需要大量营养物质,必须采食大量饲料才能满足需要。但是,其消化器官还不适应消化大量饲料,尤其对粗纤维的消化率很低。因此,容易出现营养缺乏,或吃食过多引起伤食,出现消化功能障碍和疾病。

2. 幼兔的饲养　饲养幼兔应选择体积小、易消化、营养水平高的饲料。如饲喂不当、营养缺乏或吃食过多、胃肠负担过重,均会引起消化不良、腹泻、肠炎等疾病。一般以每天 2 次精饲料、3 次青饲料,交替饲喂为好,喂量应随年龄增长而增加,不宜突然增减或改变饲料。对体弱幼兔可补喂牛奶、豆浆、米汤、维生素、抗生素和鱼粉等。

3. 幼兔的管理　幼兔必须饲养在温暖、清洁、干燥的地方,应按日龄大小、体质强弱分成小群。笼养以 3～4 只一笼为宜,群养可 15～20 只一群。幼兔断奶后 2 周内的兔舍温度,应控制在 15℃～25℃的范围内,2 周以后可保持在不低于 10℃的条件下,室温过高或过低都会影响幼兔的生长和成活率。对幼兔还必须定期称重,一般可隔半月称重一次,及时掌握兔群发育情况,如生长发育一直很好,可留作后备种兔;如体重增加缓慢,则应单独饲喂,进行观察。

(五) 青年兔的饲养管理

青年兔是指生后 3 月龄到配种阶段的兔子,又称后备兔。

1. 青年兔的生理特点　青年兔的特点是生长发育很快,主要是长骨骼和肌肉的阶段,对蛋白质、矿物质和维生素的需要量多,对粗饲料的消化力和抗病力已逐渐增强。成熟早的青年公母兔已有性欲和发情表现。

2. 青年兔的饲养　青年兔由于生长发育快,体内代谢旺盛,需要充分供给蛋白质、矿物质和维生素。饲料应以青粗料为主,适当补给精饲料,5 月龄以后须控制精料用量,以防过肥,影响种用。

3. 青年兔的管理　为了防止青年兔的早配、乱配,从 3 月龄开始就必须将公母兔分开饲养。对 4 月龄以上的青年兔进行一次选择,把生长发育优良、健康无病、符合种兔要求的留作种用,最好单笼饲养。不作种用的公兔要及时去势,可合群集体饲养。

(六) 家兔的肥育

肉用兔和兼用兔为了改善其肉质,增加产肉量,在屠宰前应进行肥育。兔肉是一种营养丰富的理想食品。肥育良好的家兔,在 1~1.5 月的肥育期中可蓄积脂肪 500 克以上,并可生产品质优良的兔皮。

1. 肥育原理　家兔的肥育,就是要在短期内增加体内的营养蓄积,同时减少营养的消耗,促进同化作用,抑制异化作用,使家兔采食的营养物质除了维持正常生命活动外,能大量蓄积在体内,形成肌肉和脂肪。

影响肥育的因素很多,以品种与类型的影响为最大。一般以肉用兔和兼用兔品种的肥育效果最好,皮用兔次之,毛用兔的肥育效果最差。其他因素如饲料、温度、光照、运动、仔兔生长情况、去势和不同品种的经济杂交等都可影响到肥育效果。

2. 肥育方法　　家兔的肥育方法大致可分为幼兔肥育法和成年兔肥育法两种。

幼兔肥育法是指仔兔断奶后就开始催肥。肥育开始时可采用合群放牧,使幼兔有充分运动的机会,达到增进健康、促进骨骼和肌肉充分生长的目的。10～15 天后即可采用笼养法肥育,时间为 30～45 天,体重达 2～2.5 千克时即可屠宰。

成年兔肥育法是指淘汰种兔在屠宰前有一段较短的肥育时间,以增加体重,改善肉质。肥育时间一般不超过 30～40天,可增加体重 1～1.5 千克。

3. 肥育技术

(1)肥育饲料　　家兔的肥育饲料应以精饲料为主,青饲料为辅。若自行配制混合饲料,要求含纤维素 15%,粗蛋白质17%,脂肪 2.5%。最适宜的肥育饲料是玉米、大麦、豆渣、豆饼、糠麸、甘薯、马铃薯等,并需添加适量的骨粉、食盐、木炭粉等矿物质补充饲料。

(2)去势肥育　　供肥育用的公兔去势后可增进肥育效果,一般在出生后 8～10 周去势。因为家兔去势后可降低体内的代谢和氧化作用,有利于体内脂肪的蓄积。经试验,去势可使肥育效果增加 15%,同时又能降低饲料消耗量。

(3)限制运动　　肥育期的家兔,尤其是肥育后期应限制运动,不宜采用放养方式,最好关养在仅能容身的小笼或木箱内,安置在温暖安静而光线较暗的地方,以促进体重的增加和脂肪的蓄积。

(4)少喂多餐 肥育期家兔由于运动减少,饲料又以精料为主,所以通常食欲较差。为促进食欲,应掌握少喂多餐的原则,以增加采食量。同时要供给充足的饮水,以防食欲下降对饲料消化、营养吸收和新陈代谢产生不良影响。

(5)细心管理 家兔肥育期间因缺乏运动和光照,抵抗力较差,容易患病,所以要细心管理。要经常检查,保持环境卫生,兔舍、兔笼要及时清扫和定期消毒。一定要确保肥育期的兔能吃饱、吃好、休息好,具有健康的体况。

四、不同季节的饲养管理要求

(一) 春 季

我国南方春季多阴雨,湿度大,兔病多,是养兔最不利的季节。因此,在饲养管理上应注意防湿、防病。

1. 抓好饲料供应 春季虽然野草已逐渐萌芽生长,但因含水量高容易霉烂变质,所以要严格掌握饲料的品质,不喂霉烂变质或带泥、堆积发热的青饲料;阴雨多湿天气要少喂高水分饲料,适当增喂干粗饲料;雨后收割的青草要晾干后再喂,饲料中最好拌入少量大蒜、洋葱、韭菜等杀菌性饲料,以增强兔子的抗病能力。

2. 搞好笼舍卫生 春季因雨量大、湿度大,对病菌的繁殖极为有利,所以一定要搞好兔舍、兔笼的清洁卫生。笼舍要清洁干燥,做到勤打扫、勤清理、勤洗刷、勤消毒。地面湿度较大时可撒上草木灰或生石灰进行消毒、杀菌和防潮。

3. 加强检查工作 春季是家兔发病率最高的季节,尤其是球虫病的危害很大。每天都要检查幼兔的健康情况,发现问题及时处理。对食欲不好、腹部膨胀、腹泻拱背的兔子要及时隔离治疗。

北方春季雨量较少,温度适宜,阳光充足,适宜于家兔的生长、繁殖,要有计划地安排好繁殖工作。

(二)夏 季

夏季的气候特点是高温多湿,家兔因汗腺不发达,常因炎热而食欲减退,抗病力降低,尤其对仔兔、幼兔的威胁很大。因此,在饲养管理上应注意防暑降温和精心饲养。

1. 防暑降温 夏季兔舍应做到阴凉通风,不能让太阳光直接照射到兔笼上,笼内温度超过 30℃ 时,可采用地面泼水降温。露天兔场要及时搭好凉棚,及早种植南瓜、葡萄等攀藤植物。毛用兔在炎热季节到来之前,一定要剪一次毛,以利防暑降温。

2. 精心饲养 夏季中午炎热,家兔往往食欲不振。因此,每天喂料一定要做到早餐早喂,晚餐迟喂,中餐多喂青绿饲料,同时要供给充足的清洁饮水。夏季饮水以供应低温水为好,如在饮水中加入 2% 的食盐,则既可补充体内盐分的消耗,又有利于解渴防暑。

3. 搞好卫生 夏季因蚊蝇孳生,病菌容易繁殖,一定要搞好清洁卫生工作,食盆必须每天清洗 1 次,笼舍要勤打扫、勤消毒,饲料要防止发霉变馊。

(三)秋 季

秋季天高气爽,气候干燥,饲料充足,营养丰富,是饲养家兔的最好季节。在饲养管理上应抓好繁殖和换毛期的饲养。

1. 抓紧繁殖　秋季是繁殖家兔的大好季节,一般表现为配种受胎率高,产仔数多,仔兔发育良好,体质健壮,成活率高,应抓紧繁殖。有条件的地方,7月底8月初就可安排配种。

2. 加强饲养　成年兔在秋季正值换毛期,换毛家兔一般体质虚弱,食欲减退。因此,要加强营养,应多喂青绿饲料,并适当增喂蛋白质含量较高的精饲料。

3. 细心管理　秋季早晚与午间的温差大,有时可达10℃～15℃,幼兔容易发生感冒、肺炎、肠炎等疾病,严重的会造成死亡。因此,必须细心管理。群养家兔每天傍晚应赶回舍内,每逢大风或降雨不宜让其露天活动。

(四) 冬　季

冬季气温低,日照时间短,缺乏新鲜青绿饲料。因此,必须加强饲养管理。

1. 做好防寒保温工作　冬季兔舍温度,除了对新生仔兔外,并不要求十分暖和,但要求温度相对稳定,切忌忽冷忽热,否则,易引起家兔感冒。舍内养兔要关闭门窗,防止贼风侵袭,舍外养兔笼门上应挂好草帘,防止寒风侵入。

2. 及早准备充足饲料　冬季因气温低,家兔热量消耗多,所以不论大兔小兔,每天供给的日粮应比其他季节增加1/3,特别要饲喂一些含能量高的精饲料。因冬季缺乏青绿饲料,易发生维生素缺乏症,每天应设法饲喂一些菜叶、胡萝卜、大麦芽等,以补充维生素的不足。干粗饲料、树叶等最好粉碎后加少量豆渣或糠麸,用水拌匀再喂。

3. 认真搞好管理工作　冬季,对仔兔巢箱要加强管理,勤换褥草。长毛兔一般不宜在严寒时节剪毛,最好改为采毛,以免受寒感冒。不论大兔小兔,均应在笼舍内铺垫少量干草,以备夜间栖宿。白天应使兔子多晒太阳,多运动,有条件的地方应在中午有阳光时放兔运动。

五、家兔的一般管理技术

(一) 提兔方法

捕捉家兔是管理上最常用的手段,如果方法不对,往往会造成不良后果。正确的提兔方法是:一手大把抓住颈后部皮肤,轻轻提起,另一手托住兔子臀部,使兔子的重量落在托兔的手上(图 8-1)。这样既不会伤害兔子,也

图 8-1 捉兔方法示意图

可避免兔爪伤人。

家兔的耳朵大而直立,捕捉时切不可只抓两只耳朵,因为兔的耳朵是软骨,不能承悬全身重量,且兔耳神经密布,血管很多,抓提耳朵时必感疼痛而乱颠,这样容易损伤耳脉,引起两耳垂落。捕捉家兔也切忌倒拎后腿,因兔子的习性是善于向上跳跃,不习惯于头部向下的运动,倒拎后腿容易发生脑充血,甚至死亡。

（二）公母鉴别

仔兔出生后需要做性别鉴定时,一般可通过观察阴部生殖孔形状和与肛门之间的距离来识别。孔洞扁形而略大,与肛门间距较近者为母兔;孔洞圆形而小,与肛门间距较远者为公兔(图 8-2)。

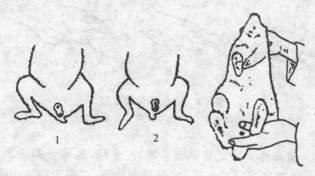

图 8-2　公母兔鉴别法

1. 公兔　2. 母兔

开眼后的仔兔,可检查其生殖器。方法是用左手抓住仔兔耳颈部,右手食指与中指夹住仔兔尾巴,用大拇指轻轻向上推开生殖器,公兔局部呈"O"形,并可翻出圆筒状突起,母兔则呈"V"状尖叶形,下端裂缝延至肛门,无明显突起。这种方法简便准确,容易掌握。兔 3 月龄以上,鉴别比较容易,一般轻压阴部皮肤张开生殖孔,中间有圆柱状突起者为公兔,有尖叶形裂缝朝向尾部的为母兔。

（三）年龄鉴定

在缺少记录的情况下，家兔的年龄主要根据趾爪的长短、颜色、弯曲度（图 8-3），牙齿的颜色和排列，皮肤的厚薄和紧松等进行鉴别。

图 8-3　家兔的年龄鉴定
1. 青年兔爪　2. 壮年兔爪　3. 老年兔爪

1. 青年兔　趾爪短细而平直，有光泽，隐藏于脚毛之中。白色兔趾爪基部呈粉红色，尖端呈白色，且红多于白。门齿洁白、短小而整齐。皮肤紧密结实。

2. 壮年兔　趾爪粗细适中、平直，随着年龄增长，逐渐露出脚毛之外，白色兔趾爪颜色红白相等。门齿白色、粗长、整齐。皮肤紧密。

3. 老年兔　趾爪粗长，爪尖钩曲，有一半趾爪露出于脚毛之外，表面粗糙无光泽，白色兔趾爪颜色白多于红。门齿厚而长，呈暗黄色，时有破损，排列不整齐。皮肤厚而松弛。

（四）梳毛与采毛

1. 梳毛　梳毛是饲养毛用兔的一项经常性工作，目的在于防止兔毛缠结。兔毛含油脂甚微，如果兔体营养不良，毛纤维粗糙干枯，加上地面潮湿或兔群拥挤，被毛就会缠结成块，增加梳毛次数可防止兔毛结块。同时,要加强饲养管理,保持兔体清洁、干燥。

幼兔断奶后即应梳毛,以后每隔 10～15 天梳理一次。成年兔待毛长 3.3 厘米以上即开始梳毛,以后每隔 15 天梳理一次。

梳毛方法:用木梳顺毛方向,先梳颈部、肩部、背部、后躯,再梳前胸、腹部和四肢,最后梳理头部。如遇缠结,应用手指轻轻撕开,撕不开时宜剪去结块毛。梳下的兔毛,经加工整理后即可出售。

2. 采毛 毛用兔每年可采毛 4～5 次,采毛的方式主要有拉毛和剪毛两种。

(1)拉毛 适用于春、秋换毛季节和冬季。拉毛的优点是能够取长留短,提高兔毛的品质和售价。缺点是花工较多。拉毛时可将兔子放在采毛台上,先用梳子梳通被毛,左手按住耳根和颈部,用右手食、拇、中指将长而密的毛耐心地一小撮一小撮地拉下。拉毛要分几次拉取,不可一次将全身被毛全部拉完,冬季宜将短毛留下,以保温御寒。幼兔因皮肤嫩,不宜采用拉毛法;孕兔、哺乳母兔、配种期公兔也不宜采用拉毛法采毛,否则易引起孕兔流产,降低哺乳母兔泌乳量和影响配种期公兔的精液品质。

(2)剪毛 剪毛是采毛的主要方法,常用于大群饲养。剪毛时可将兔子放在剪毛台(图 8-4)上,先用梳子梳通周身,清理结块和杂质,然后再行剪毛。剪毛程序一般从臀部开始,沿背部中线一直剪至后颈,然后剪左、右两侧和头部、臀部、腿部,最后剪腹部毛。剪毛时应注意以下几点。

第一,剪刀开口宜小,剪时要绷紧皮肤,靠近毛根,依次剪下。切不可用手提拉兔毛,以防剪伤皮肤。

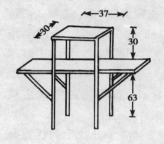

图 8-4 剪毛剪和剪毛台
（单位：厘米）

第二，剪毛时应一刀剪下，不要修剪，以免出现二刀毛。兔毛中混杂多量二刀毛，就会降低质量。

第三，剪腹部毛时要特别注意，切不可剪破母兔的乳头和公兔的阴囊。接近分娩的母兔可暂时不剪胸毛和腹毛。

第四，剪毛宜选择在晴天、无风时进行。冬季宜在中午进行，并需垫上软垫。为避寒风，剪毛后应将兔子放入挂有麻袋或布帘挡风的巢箱或笼内。

第五，剪毛要有计划性，一般要求毛长达到一级毛以上才剪，以 75～80 天剪一次毛为宜。由于毛用兔喜欢冬暖夏凉，每次剪毛时间可安排在 3 月上旬、5 月中旬、7 月下旬、10 月上旬和 12 月中旬。

（五）公兔去势

凡经鉴定不作种用的公兔，可在 2.5～3 月龄时去势。去势后的公兔性情温顺，管理方便，毛纤维细而浓密，被毛光泽，肉质肥嫩。其方法有以下几种。

1. 阉割法 阉割前先剪短阴囊附近的长毛，使兔子腹部朝上，术者用左手将睾丸从腹股沟管挤入阴囊，并用食指和拇指捏紧固定，用碘酊消毒切口处，然后用消毒后的去势刀沿睾丸垂直方向切开皮肤 1 厘米左右，挤出睾丸，扭断精索，再用碘酊消毒止血。将兔放入消毒过的清洁兔笼中饲养,2~3天后伤口即可愈合,恢复健康。

2. 结扎法　一般采用普通橡皮筋或丝线结扎睾丸,方法简单易行,不流血。术者先用碘酊消毒阴囊皮肤,然后用左手两指捏住睾丸,用橡皮筋或丝线将两个睾丸连同阴囊一起扎紧,阻断睾丸部分的血液循环,经10天左右睾丸部分就会枯萎脱落。采用结扎法时个别公兔会发生特有的炎性反应,术后1~2天内阴囊和睾丸将迅速增大7~9倍,但3~5天后肿胀即会减退,20天左右睾丸就会萎缩成硬块。

3. 化学法　即用化学方法药杀公兔睾丸。具体做法是:先将10克氯化钙溶于100毫升蒸馏水中,再加1毫升甲醛溶液,摇匀过滤后,即可装瓶备用。将3月龄以上需去势的公兔保定好,在阴囊纵轴前方用碘酊消毒后,视公兔体型大小,每个睾丸注入1~2毫升备用药液即可。注射后睾丸开始肿胀,3~5天后肿胀自然消退,7~8天后睾丸则明显萎缩,公兔失去性欲。此法简单易行,效果很好。

第九章 兔舍建筑及其设备

　　良好的兔舍和完善的设备,是搞好家兔生产的重要物质基础。它与家兔的饲养管理、兽医防疫和提高劳动生产率等都有着密切的关系。建筑兔舍应从家兔的生物学特性出发,根据饲养家兔的数量、生产方向及各地不同的环境条件等因素进行设计,以保证家兔健康地生长和繁殖,有效地提高其产品的数量和品质,从而获得更高的经济效益。

一、兔舍建筑的基本要求

(一)地点的选择

　　兴建兔舍,应选择地势高燥、平坦、背风向阳、地下水位低(2米以下)、排水良好、场地宽敞的地方。应有水量充足、水质良好的水源。水质应清洁无异味,不含过多的杂质、细菌和寄生虫卵,也不含有毒物质或过量的矿物质。为了防止疾病传染,兔舍应远离屠宰场、牲畜市场、畜产品加工厂及牲畜来往频繁的道路、港口或车站。由于家兔对突然发出的声音会表现出强烈的惊恐不安,严重影响其正常生理活动,所以尽量不要在车马来往、人声嘈杂的交通要道边建场。兔场最好建在离交通干线 200 米、离一般道路 100 米以外比较僻静的地方。

（二）材料的选择

建筑兔舍应因地制宜，如山区可修窑洞式兔舍，南方可建棚式兔舍等。同时，应就地取材，节约资金，如砖、石、竹片及打眼铁皮等都是理想的建筑材料。由于家兔有啮齿行为和打地洞的特殊本领，所以还必须考虑到建筑材料的坚固耐用性。有些无兔笼的兔舍，如山洞式、地窖式、地沟群养式兔舍，在家兔活动的范围内，均应铺镶砖头或其他坚固材料，以防家兔打洞逃逸。

（三）要有"六防"设施

兔舍应符合家兔的生活习性，要有防暑、防潮、防雨、防寒、防污染及防兽害的"六防"设施。因此，兔舍屋顶必须隔热性能好，兔舍墙壁应坚固，兔舍的门既要便于人员行走和运输车运行，又要坚固，以防兽害。兔舍的窗户应高而宽大，便于通风采光，同时要有铁栅或铁纱设施，以防野兽及猫、狗等的入侵。兔舍地面要坚实平整、防潮和保温，应高出舍外地面20～25厘米，以防雨水倒流入内。为了避免兔舍内环境污染，兔舍还必须有良好的排污系统。这样，兔舍才基本具备清洁干燥、空气新鲜、冬暖夏凉和安全可靠等条件，符合家兔生活习性的要求。

（四）应能调节小气候

理想的兔舍，应具有调节兔舍内小气候的条件。能根据外界气候的季节性变化，因地制宜地采取各种有效措施来进行调节，以满足家兔对其生活环境的要求。兔舍小气候主要包括温度、湿度和光照等因素。

1. 温度 直接关系到家兔的健康、繁殖、食欲和增重。家兔对温度的要求是：成年兔适宜温度为 15℃～25℃，新生仔兔应在 30℃～32℃ 之间。产房应根据新生仔兔的要求来调节温度。目前兔舍内采用局部供暖要比全部供暖合算。兔舍内应绝对避免气温的急剧变化。一般兔舍内温度分布不均匀，兔舍跨度越大，温差越显著。因此，应将不同类型的家兔分别置于局部温度相对比较适宜的位置。

2. 湿度 在高温或低温的条件下，过高的湿度对家兔的健康会产生不良影响。家兔所需适宜的相对湿度为 60%～65%，一般不低于 55%。由于家兔对急剧变化的湿度很不适应，所以兔舍内的湿度应当尽量保持恒定。

3. 光照 对家兔的繁殖有一定影响。一般养兔多采用自然光照。兔舍门、窗的采光面积应占地面的 15% 左右，阳光入射角度不低于 25°～30°。繁殖母兔每天光照 14～16 小时，可获最佳繁殖效果，并能全年有规律地进行繁殖。公兔需要光照时间较短，一般每天光照 8 小时。育成兔一般光照 8 小时以下。对于肥育兔，采用黑暗或微弱照明比强烈光照更为有利。若采用人工光照或补充人工光照，光照强度以每平方米兔舍面积 4 瓦照明为宜。

4. 通风和绿化 是调节兔舍内外温度、湿度的好办法。通风还能排出兔舍内的废气和有害气体，提供新鲜空气，有效地减少呼吸道疾病的发病率。一般采用的通风方式有两种：一种是自然通风，适合于气候环境好和饲养密度小的兔场；另一种是抽气式或送气式的机械通风，这种方式容易控制兔舍内的小气候，尤其对降高温有显著效果。夏天，0.4 米/秒左右的风速对家兔较适宜。当兔舍外的温度超过家兔适应温度时，可采用空气冷却技术进行降温，比较经济的方法是结合通风,在通风处安装喷水装置。绿化的调温调湿效果也是相当显著的。阔叶树夏天可遮荫,冬天能挡风,绿化得好的兔场,夏季可降温 3℃～5℃,相对湿度可提高 20%～50%。1 公顷的树叶一天可吸收 1 吨二氧化碳,还可吸尘。种植草皮,也可使空气的含尘量减少 5/6。因此,为了使家兔处于温和、舒适和空气新鲜的良好环境之中,应将植树种草看作是兔舍建筑中必不可少的一部分。

(五) 利于卫生防疫

兔舍建筑必须符合卫生防疫要求,兔舍及其各种设备都应当有利于清洗和消毒。如兔笼表面应平整光滑,便于除垢和消毒,而且不易被腐蚀和燃烧。笼底板、食槽及饮水器等必须容易拆卸,以便刷洗消毒。通气口应当装上铁纱,以防蚊蝇等传染媒介进入兔舍。此外,在兔舍建筑中应设有专门清洗各种器具的洗涤消毒池和设在兔舍大门口的防疫消毒设施。

(六) 便于操作管理

兔舍设计,应符合提高劳动效益,便于管理这一原则。为了操作方便,固定式多层兔笼其总高度不宜太高。为了清扫方便,兔舍内清粪道宽度不小于 0.9 米,其中粪水沟的宽度不小于 0.3 米。为了饲喂方便,单列式饲喂道宽度不小于 1.2米,可容一辆料车自由通过;双列式饲喂道宽度一般以 1.5～1.8 米为宜,可容两辆料车通过。同时,还应为逐步实行饲养管理半机械化和机械化创造条件。

二、兔舍建筑形式

由于我国地域辽阔,地理、气候条件各异,饲养方式不同,因而出现了各种不同的建筑形式,主要有敞开式、半敞开式、封闭式、舍内开放式及栅饲群养式、山洞式、地窖式和靠山挖洞式等多种形式。

(一)敞开式兔舍

1. 棚式兔舍 有屋顶而四周无墙壁,屋下只有兔笼或围栏。其特点是防日晒,减少辐射热,通风良好,空气流速大,温度随外界气温变化而变化,造价低。目前广泛应用于炎热地区。

2. 塑料暖棚 兔舍无房,兔笼建造要求地基高,笼顶前檐短、后檐长,笼壁坚固。冬季尤其是北方冬季,应加盖塑料大棚保暖。暖棚用透明宽幅的农用塑料薄膜,厚度以 0.1 毫米为宜,用水泥柱、钢材或木杆作支架,薄膜下缘埋在土里,夯实固定即可(图 9-1)。门可设在棚的端部,门的大小以人能出入为原则,也便于通风换气。其优点是透光性好;保温力强,如再加盖草帘,北方严冬棚内温度仍可保持在 0℃ 以上;牢固耐用,可防酸、碱及消毒药物腐蚀;结构简单,投资少,效果好。塑料暖棚养兔应注意通风防潮,增加光照,经常打扫擦洗薄膜,天气转暖后,逐步拆除薄膜妥善收藏。

(二)半敞开式兔舍

一面或两面无墙,一般兔笼的后壁就相当于兔舍的墙壁。这类兔舍有单列式与双列式两种,单列半敞开式兔舍利用三

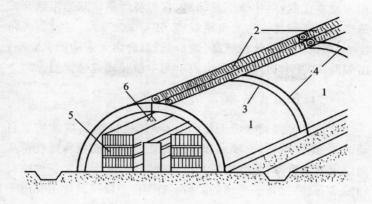

图 9-1 圆拱形塑料暖棚

1.农用薄膜　2.草帘　3.薄膜支架　4.草帘支架　5.兔笼　6.灯泡

个叠层兔笼的后壁作为北墙,南面有的有墙(图 9-2 之 1),有的则无墙。这种兔舍具有结构简单、造价低廉、通风良好、管

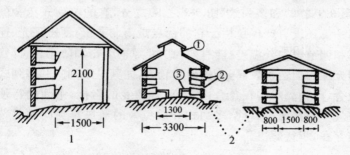

图 9-2 半敞开式兔舍 (单位:毫米)

1.单列半敞开式兔舍剖面图　2.双列半敞开式兔舍剖面图
①钟楼式侧天窗　②出粪口　③产仔栏

理方便等优点,但冬季不易保温,且兽害严重。双列半敞开式兔舍的南墙和北墙均为兔笼后壁(图 9-2 之 2)。这种兔舍跨度小,单位面积的笼位数高,造价低;因舍内无粪沟而臭味小;出粪洞大,夏季通风;冬季也较单列半敞开式兔舍保温。

(三) 封闭式兔舍

这种兔舍四周有墙无窗,舍内小气候完全靠特殊装置自动调节,能自动喂料、喂水和清除粪便。封闭式兔舍能获得高而稳定的增重率,能控制饲料的消耗,并有利于防止各种疾病的传播,但需配备一系列的装置,造价高。目前国外主要用于肉兔饲养及实验用兔饲养的兔舍。

(四) 开放式兔舍

开放式兔舍是四周有墙的兔舍,因有采光通风的窗子而称为开放式兔舍。开放式兔舍有单列式(图 9-3 之 1)、双列式(图 9-3 之 2)和多列式(图 9-3 之 3)之分,有的单列式兔舍的另一侧还设有产仔兔栏。它的优点是南北有窗,便于采光、通风和调节舍内外温差,能有效地防止风雨袭击和防止兽害,管理方便。但造价较高,舍内臭味较大,尤其是双列式和多列式兔舍,因为粪水沟在兔舍内,受两排兔笼的阻挡,中间的污浊空气不易排出。目前,多列式开放兔舍的通风排臭问题仍普遍存在,亟待解决。

(五) 栅饲群养兔舍

这种兔舍可利用空闲旧屋、猪舍或大家畜饲养棚改建,也可新建。在兔舍内用 60～80 厘米高的竹片、木板或铁丝网,也可用砖或土坯砌成每个饲养间 6～9 平方米的隔栏。群养

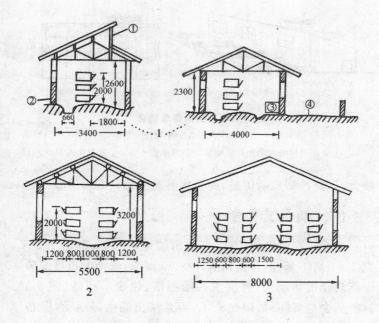

图 9-3　开放式兔舍　（单位：毫米）

1. 单列式开放式兔舍剖面图

2. 双列式开放式兔舍剖面图　3. 四列式开放式兔舍剖面图

①钟楼式侧天窗　②夏季通风口　③产仔兔栏　④运动场

间一端的兔舍墙脚处设宽 20 厘米、高 30 厘米的出入洞口与舍外场地相通。舍外场地也隔成相应的面积作为运动场（图 9-4）。舍内地面应铺漏粪板或垫褥草，舍外运动场一般铺河沙，并可放置食槽、草架和饮水器。每个群养间可养幼兔30～40 只，青年兔 20 只。这种兔舍的优点是饲养群大，节约人工和材料，容易管理，便于打扫卫生；同时空气新鲜，也能使家兔得到充分的运动。但兔舍面积利用率不高，不利于掌握定量

图 9-4　栅饲群养兔舍

1. 外形图　2. 平面图

①舍内饲养间　②舍外运动场　③饲养员过道　④家兔出入洞口

喂食,不易控制疾病传播,而且容易发生兔只之间的殴斗。

(六)山洞式兔舍

在冻土层较浅的山区,可依山坡地形挖洞,洞深 1.5 米、宽 1 米、高 1 米,洞与洞相隔 30～50 厘米,每个洞口可安装一个能启动的活动门,外面筑一圈围墙,建成运动场(图 9-5)。这种兔舍空气新鲜,阳光充足,而且家兔能很好运动,但必须重视必要的安全防疫设施和防止兽害。

图 9-5　山洞式兔舍

1. 外形图　2. 剖面图

（七）地窖式兔舍

在冬季漫长、气候寒冷的北方农村,可选择地下水位低、背风向阳、干燥、含沙量小、土质坚硬的高岗地挖修地窖式兔舍。窖深必须超过冻土层,窖的直径一般为 70～100 厘米,窖与窖可相隔 2 米左右,窖口应高出地面 20 厘米,用砖和水泥固定后,再加上活动盖板。从窖底到地面须挖一宽 40 厘米左右的斜坡地沟,其坡度为 1:1.5,然后用砖砌好,或用水泥管、瓦管通入,以避免家兔在通道内挖洞。在通道口上端建一高 1.6 米左右的小屋,南面有门,北面有窗,这是家兔吃食和活动的场所。在窖底的任一边再挖一深 40 厘米、宽 30 厘米、高 35 厘米的小洞,作为母兔的产仔窝(图 9-6)。这种地窖

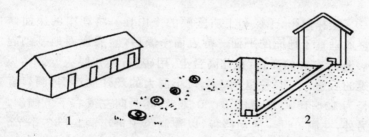

图 9-6　地窖式兔舍
1. 外形图　2. 剖面图

式兔舍在最低气温达－42℃的严冬可不用燃料和保温材料,造价很低,窖上窖下可通空气和见到阳光。窖底和产仔窝可保持 5℃以上的恒温,因而可进行冬季繁殖。春、夏时节则应将家兔转移到地面饲养和繁殖。黑龙江省一些兔场的实践证明,窖养的各类家兔体质健壮,生长良好,产仔成活率达 85%以上,发病率不到 3%。

如果兔群大,可挖成长沟式双通道冬繁窖(图9-7)。长沟式窖坑上口宜用木材等物作篷盖来保温。这种窖具有通风透光、兔子能运动、省工省料、占地面积小、管理方便的特点。但窖内通风口多,温度较低,影响仔兔成活率。

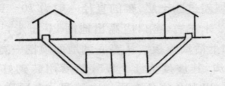

图 9-7　长沟式双通道冬繁窖剖面图

(八) 靠山挖洞式兔舍

选择向阳、干燥和土质坚硬的土山丘。将朝南的崖面修整成垂直于地面的平面。待表面干燥后,紧靠崖面地基砌起40厘米左右的高台,在此高台上,用砖、石砌3层兔笼。在兔笼的后壁(崖面)往里掏1个口小洞大的产仔葫芦洞,洞口直径为10~15厘米,洞深约30厘米,其洞向左或右下方倾斜。另外,在洞口设一活动挡板,以控制兔子进出洞。严冬季节,可在兔笼顶部设置草帘保温。为防酷暑、烈日暴晒,可在兔舍前种植葡萄、丝瓜等藤蔓植物,或搭凉棚(图9-8)。该种兔舍集笼养、穴养二者之所长,四季均可繁殖,饲养效果优于其他兔舍,是我国北方山区和丘陵地带普遍采用的一种兔舍类型。

三、兔　笼

兔笼是养兔生产中必不可少的设备之一,它在某种意义

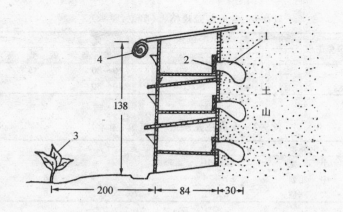

图 9-8　靠山挖洞式兔舍　（单位：厘米）

1. 洞穴　2. 活动挡板　3. 藤蔓植物　4. 草帘

上与兔舍同等重要。兔笼设计合理与否，直接影响到家兔的健康和生产效益。

（一）兔笼设计的基本要求

兔笼一般应当造价低，经久耐用，便于操作和洗刷，并符合家兔的生理要求。兔笼的设计内容包括兔笼大小、笼门、笼底板、承粪板及笼壁等。

兔笼大小，一般以家兔能在笼内自由活动为原则。除肥育兔需要较小的兔笼外，一般标准笼深为成年兔体长的 2 倍，笼宽为体长的 1.3 倍，笼高为体长的 1.2 倍。当然，不同的品种、年龄和性别，其具体规格有差异，一般大型品种和种公兔的兔笼应酌情放大。在此，介绍一些有关兔笼规格的资料（表9-1，表 9-2）供参考。

表 9-1　舍外兔笼规格　(单位:厘米)

家兔类型	单　个　兔　笼			
	深	宽	前　檐　高	后　檐　高
中　　型	120	60	70~80	45
大　　型	150	70	70~80	45

表 9-2　舍内兔笼规格　(单位:厘米)

家兔类型	深	宽	高
小　　型	46~61	76	46
中　　型	61~76	76	46
大　　型	76~91	76	46

长毛兔兔笼底网净面积以 0.38~0.45 平方米为宜,一般笼宽 60~65 厘米、笼深 65 厘米左右。

笼门,一般应安装在笼前,可用竹片、打眼铁皮、粗铁丝或铁丝网制成,安装要求既便于操作,又能防御野兽入侵。

笼底板,在我国南方,用竹片钉制较好,竹片要光滑,每根竹片宽 2.5 厘米,竹片间距为 1 厘米,竹片方向应与笼门垂直,可预防兔脚形成划水姿势。笼底板应装成活动的,便于定期取下消毒。如果是非产竹区,也可用其他材料制作。为便于家兔行走,网眼不能太大,但又要让兔粪能够漏下,一般以 1.3 厘米见方为宜。

承粪板,一般用水泥板制成,在多层兔笼中,又是下层兔笼的笼顶。前面应突出笼外 3~5 厘米,并伸出后壁 5~10 厘米,向笼后壁倾斜,倾斜角度为 15°左右,可使粪尿经板面直接流入粪沟,便于清扫。

笼壁,兔笼的内壁必须光滑,以防勾脱兔毛并便于除垢消毒。一般可用砖头或水泥板砌成,也可用竹片或金属板钉成。

如果用金属板钉制,应在其表面涂一层漆,以防生锈。笼壁6厘米以下最好不要用金属材料,因兔子小便时要顶住后墙,尿顺墙而下,金属材料则易腐蚀生锈。

(二)兔笼种类

1. 移动式兔笼　移动式兔笼的式样很多,有单层活动式(图 9-9)、双联单层活动式(图 9-10)、单间重叠式(图 9-11)及

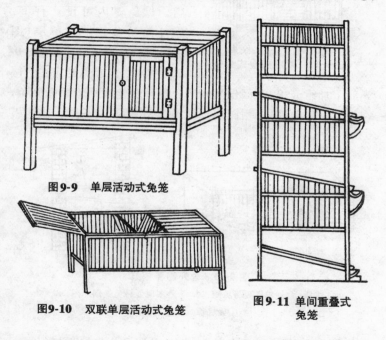

图9-9　单层活动式兔笼

图9-10　双联单层活动式兔笼

图9-11　单间重叠式
兔笼

双联重叠式(图 9-12)等。这些兔笼均有移动灵活、简单易造、操作方便、节省人工、易保持兔笼清洁和控制疾病等优点。重叠式兔笼还有占地面积少的优点。一般均适宜用于舍内笼养。

2. 固定式兔笼

图9-12 双联重叠式兔笼

（1）舍外简易兔笼 舍外固定式兔笼必须能防雨、防潮、防暑和防寒。笼顶厚5～10厘米，笼门前有檐，笼底距地面30厘米以上，笼壁要求坚固，笼门不宜过大，能防兽害。母兔笼内可设产仔间。室外简易兔笼可建单层（图9-13之1），亦可建多层（图9-13之2）。多层兔笼应在上层笼底下加承粪板，背面设集尿沟。这种兔笼适用于家庭养兔，在较干燥的地区，可用砖或土坯砌墙，并用石灰粉刷。水泥板

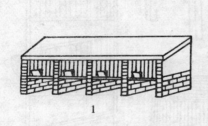
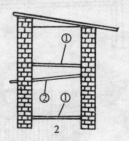

图9-13 舍外简易兔笼

1. 舍外单层简易兔笼 2. 舍外多层简易兔笼剖面图
①笼底板 ②承粪板

虽然很坚固，但在露天条件下，不如砖墙和土坯墙透气保温。

（2）舍内三层多联固定式兔笼 一般为砖木结构或用水泥预制件组建而成。其承粪板、笼侧壁和后壁最好用水泥板

建造,为利于通风,后壁也可用竹板。承粪板由前向后倾斜,以利于清除粪尿。笼底网可用竹片钉成活动底板(图 9-14)。

图 9-14 舍内三层多联固定式兔笼
1. 正面图 2. 侧面图

为了便于管理,笼体总高度以 1.85～1.9 米较适宜,两层兔笼的前距不得低于 12 厘米、一般以 15～18 厘米为好,后距以 20～25 厘米为宜。为了防潮和通风,最底层与地面距离宜在 30 厘米以上。舍内多层兔笼可以是单列的,也可以是双列的。双列的多层兔笼,有的是背靠背式的,清粪沟设在两排兔笼中间;有的则是面对面的,清粪沟设在双列多层笼各自的背面。这类兔笼适用于舍内笼养,具有笼内通风、占地面积小、管理方便等优点,目前我国广大地区普遍采用。但因其粪水沟在室内,若粪尿清除不净,易造成兔舍内空气污染。

(3)立柱式双向层笼 这种层笼由长臂立柱架、顶板、侧壁板、前网、后网及底网等组合而成,其中长臂立柱架、顶板(亦为上一层笼的承粪板)、侧壁板必须是钢筋水泥预制件。

组合兔笼时，首先将长臂立柱架一根根等距离地垂直栽好，将侧壁板竖立在立柱的长臂上，再在侧壁板上压上顶板，然后在相邻侧壁板的两端分别挂上前网和后网，将底网也搁在立柱架的长臂之上即组合完成。这样，所有兔笼都置于两相邻立柱架的长臂之间。因此，兔笼的宽就是两根立柱间的距离，兔笼的深就是立柱的臂长，兔笼的高就是侧壁板的高（图9-

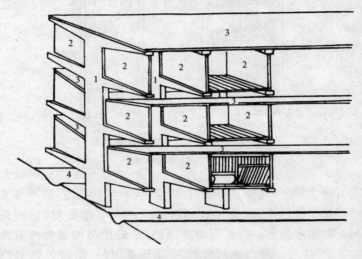

图 9-15　立柱式双向层笼外形图
1. 长臂立柱架　2. 侧壁板　3. 顶板　4. 粪水沟

15）。这种层笼的特点有二：一是同一层的承粪板全部相联，中间没有任何阻隔，便于清扫；二是立柱架的基部是一个双向坡，坡下紧接粪水沟，清粪道在兔笼的前面。这种粪水沟属明沟，容易清扫消毒，兔舍内臭味较小，实践证明，使用效果较好。

（4）地面单层仔兔笼　这种仔兔笼多为水泥结构，即四周用水泥和砖砌成一个高 60～80 厘米的长方形墙围,开口朝上,无笼门。一般笼底深为 60～120 厘米,宽为 60～70 厘米。笼底铺垫干净褥草,最好先垫 15 厘米厚的泥炭或木屑,再铺上一层干净稻草,可定期更换。这种仔兔笼清扫、更换垫草和给水喂料都不方便,但可使哺乳仔兔和幼兔感到舒适,特别有利于仔兔的冬季保温和生长发育。目前有些养兔户已将笼底改为竹条可活动网板,这样既排除了寄生虫的危害,又节省了清扫时间。其笼顶可用竹条板或铁丝网覆盖。

四、兔舍其他设备及用具

(一) 排污系统

兔舍必须有良好的排污系统。完整的排污系统应包括粪尿沟、排水管、关闭器及粪水池。粪尿沟主要用于排除家兔粪尿和污水。因此,必须不渗水,表面光滑,并有 1%～1.5% 的倾斜度。关闭器用以防止粪水池的不良气体流入兔舍内。粪水池贮存由兔舍排出的粪尿,应设在离兔舍 20 米以外的下风头。池底和四壁用水泥抹面,不渗水,池口高于地面 10～20 厘米,防止地面水流入池内。池口约 0.8 米×0.8 米,供提取污水用,其余部分都封闭,池口平时加盖。

(二) 产 仔 箱

产仔箱也称巢箱,是母兔产仔并给仔兔哺乳的设备,也是仔兔生活之地。一般用木材或金属片制成。金属制的产仔箱,内壁最好镶纤维板或用木板作底板隔凉。木制的产仔箱在母兔出入的地方要刨光,或用铁皮包上,防止兔啃咬。我国

目前普遍使用的产仔箱有两种:一种是敞开的平口产仔箱(图
9-16 之 1),用 1 厘米厚的木板制成,箱底有粗糙的锯纹,并凿

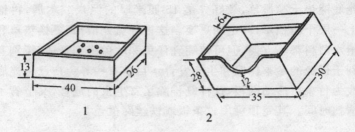

图 9-16 产仔箱 (单位:厘米)
1. 平口产仔箱 2. 月牙缺口形产仔箱

有间隙或开有小洞,使小兔走动时不易滑倒和利于排除尿液。
若采用竹片做箱底,则更利于排尿和防湿,而且清洗方便。竹
片的厚度以 0.4 厘米为宜,装钉时应竹青面向上,竹片之间的
缝隙应在 0.2 厘米以内。另一种为月牙缺口形产仔箱(图 9-
16 之 2),可以竖起和横倒使用。

(三) 饲 槽

饲槽也称食槽。应该牢固、结实、不易打翻或打碎,同时
还应便于使用和清洗。饲槽形式多种多样。群养或运动场上
一般使用的长食槽,即用 50～100 厘米长的粗竹劈成两片,除
去中间隔节,两端再钉上长方形木片即成(图 9-17 之 1)。笼
养兔通常使用陶瓷食盆,其口径为 14 厘米左右,高约 4.5 厘
米,厚而笨重(图 9-17 之 4)。层笼养兔采用转动式或抽屉式
饲槽较方便,每次喂料时可不必开笼门。转动式饲槽可将转
轴挂在兔笼前网空框旁的弯钩上,便于拆卸清洗,也可作为拆
卸式活动笼门。这种饲槽一般用镀锌铁皮制成(图 9-17 之 3,

之5）。目前浙江省各兔场都普遍采用这种转动式饲槽。

还有一种自漏式颗粒饲料食槽（图9-17之2）。这种食槽

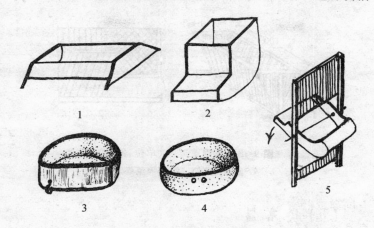

图9-17　各式饲槽
1. 长饲槽　2. 自漏式颗粒料饲槽　3. 抽屉式饲槽
4. 陶瓷饲盆　5. 转动式饲槽

贮料部分下面有小口与采食部相通，兔子采食时，上面的颗粒饲料可自动下漏。这种食槽宜装在笼门上，即投料和贮料部分在笼外，采食部分在笼内，投料时也不必开门，十分方便实用。

（四）草　架

为了便于给家兔饲喂各种饲草、菜叶，应当设有草架。用木条或竹片钉成"V"字形的草架，可置于运动场或群养栏内，其架长一般为100厘米、高50厘米、上口宽40厘米（图9-18之1）。笼养兔的草架一般固定在兔笼前网上，亦呈"V"字形，

草架内侧间隙为 4 厘米、外侧为 2 厘米,可用金属丝、竹片或木条制成(图 9-18 之 2)。

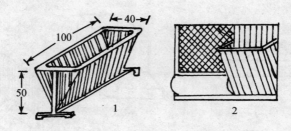

图 9-18　兔用草架　(单位:厘米)

1. 群养兔草架　2. 笼养兔草架

(五) 饮 水 器

　　家兔饮水器有多种。可用瓷碗或搪瓷杯盛水,挂在兔笼上,以免被粪尿污染,这种饮水器应用较广。也可将盛水的玻璃瓶倒置固定在兔笼外面,瓶口上接一根橡皮管通过笼前网伸进笼内,利用空气压力将水从瓶内压出,供兔饮用(图 9-19 之 1)。这种饮水器不占笼内位置,不易被污染,而且也不会弄湿兔毛,但需勤添水。乳头饮水器(图 9-19 之 2),可供家兔任意饮水,既防污染,又节约用水。目前,有条件的兔场多采用乳头式饮水器。

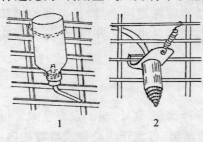

图 9-19　兔用饮水器

1. 自制自动饮水器　2. 乳头式饮水器

（六）固 定 箱

固定箱用来固定兔子,以便进行打耳号、带耳标、耳静脉采血或做其他处置。固定箱可用木料、铁皮及塑料制作(图 9-20)。使用时可通过箱子上部能启闭的盖子将家兔放入箱内,使之固定。该箱前部有一斜面,可使家兔感到舒适而减少骚动。在斜面上端还有一圆孔,可让兔头伸出孔外,以利操作。

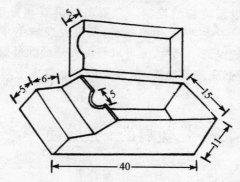

图 9-20　家兔固定箱　（单位:厘米）

第十章　兔病防治

兔病是兔业发展的大敌,每年造成的损失可占养兔生产损失的 20%～25%,若遇大的兔病流行,其损失更为惨重。有的农民朋友很想养兔脱贫,但又不敢养,主要原因就是怕兔子生病,甚至死兔,给贫穷的家境雪上加霜。然而,兔病并不可怕,是可以预防和治疗的。只要科学饲养和管理,重视兔场、兔舍环境卫生,按时免疫接种,及早发现病兔并给予及时治疗,虽不能保证不死兔,但可以将损失降低到最低限度。我国兔业能否健康持续发展,在很大程度上取决于对兔病的控制程度。

一、兔病的一般预防

兔病的预防,应从以下三方面着手。

(一)消除病原体

1. 兔场应严格执行兽医卫生规定　外来人员未经有效消毒,不能入内。从外地购入的种兔,需经兽医检疫,确诊无病,并进行隔离观察 1 个月,证实无病,方可混入兔群饲养。

2. 防止病从口入　饲料必须来自非疫区。另外,最好饮用井水或经有效消毒处理的自来水,以免水源污染引起疫病流行。

3. 兔舍要保持良好的通风　保持空气流通,是减少某些病原微生物的一种非常有效的方法,在空气流通的兔舍,呼吸道疾病的发生率相对较少。

4. 保持环境清洁 一根纤毛上可存在成千上万个细菌、病毒或寄生虫卵,及时清扫笼舍和调换产仔巢箱的垫物,并定期对饲养工具、笼舍、产仔巢箱等进行消毒,是减少环境病原体的有效措施。养兔场常用消毒药剂有以下几种。

(1)生石灰 将生石灰(氧化钙)加等量的水使其熟化,再配成10%～20%的乳液,用于兔舍地面、墙壁、兔笼、污水沟等消毒。使用时现配现用,不宜久贮。

(2)草木灰 取草木灰2～3千克加沸水10升,浸泡1小时,经过滤后即成20%～30%的草木灰水溶液,用于兔舍地面、墙壁及饲养用具的消毒。

(3)氢氧化钠 又称烧碱、苛性钠。2%～4%的氢氧化钠溶液,杀菌作用较强,可用于水泥地面、陶瓷用具以及运送家兔的车、船等消毒,也可用于兔场入口处的消毒。氢氧化钠腐蚀性很强,使用时要多加小心,尤其不要伤及人和动物的皮肤。

(4)漂白粉 3%的漂白粉澄清液用于食槽、饮水器及其他非金属用品的消毒,10%～20%澄清液常用于兔舍地面、墙壁、运输工具以及粪便污物的消毒。

(5)福尔马林 福尔马林为37%～40%甲醛溶液,常用其蒸气消毒。每立方米容积用20毫升加等量水加热,密封10小时,用于发生疫情后的舍内空气消毒,杀灭环境中细菌、细菌芽孢和病毒。2%～4%水溶液常用于浸泡器械,消毒兔舍、兔笼、饲槽用具等。

(6)来苏儿 又称煤酚皂溶液。1%～2%水溶液用于兔场工作人员洗手消毒,3%水溶液可用于兔舍地面、墙壁、兔笼及排泄物的喷洒消毒。

(7)新洁尔灭　　化学名为溴化苄烷铵。0.1％水溶液用于工作人员洗手和器具消毒,0.15％水溶液可用于兔舍喷雾消毒。使用本品时切忌与肥皂接触。

(8)复合酚类消毒剂　　此类消毒剂主要有菌毒敌、毒菌净、农福、农禾等。0.3％～1％水溶液可用于兔舍、兔笼,用具、运输车辆及排泄物、分泌物的喷洒消毒。

(二)增强兔体抗病力

保持兔舍的清洁卫生不仅是清除病原微生物的有效措施,还给家兔创造适宜的生活环境,有助于增强兔体抗病力。

实行科学饲养,是使家兔保持强健体质的重要条件。家兔缺乏维生素或必需矿物质元素,均可使体内代谢发生紊乱,产生相应的缺乏症。例如,在缺乏维生素 A 的兔群中,消化道黏膜上皮细胞功能减弱,腹泻的发病率显著增高。相反,营养物质供给过量也是有害的。

对于某些细菌或病毒引起的传染病的预防,除了采取上述措施外,还应定期接种相应的疫(菌)苗,以增强免疫能力,有效地抗御侵入的病原体。

(三)防止误食有毒物质

引起家兔误食中毒的物质主要来自三个方面。

1. 青饲料被农药污染　　喷洒有机磷或有机氯农药的蔬菜,被农药污染的田间杂草等,在毒性未消失时即用来饲喂,都有可能招致家兔中毒。

2. 饲料变质　　饲料受潮,黄曲霉菌、青霉菌和白霉菌孳生,可产生毒性很强的物质,给家兔饲喂这种发霉的饲料会发生中毒,严重时会引起大批死亡。

3. 驱虫药使用不当　家兔对敌百虫等驱虫药较为敏感，无论外用或内服驱虫，用量偏高均可引起中毒。

杜绝上述毒物进入兔体是防止家兔中毒病发生的根本措施。

二、家兔常见疾病的治疗及预防

家兔疾病种类繁多，现对其中发病率较高、危害较大的几种兔病概述如下。

（一）巴氏杆菌病

【病　因】　巴氏杆菌病主要是由多杀性巴氏杆菌引起的传染性疾病。通常可在无任何临床症状家兔的鼻液中分离到这种细菌。这种疾病的发生往往是由于兔场中多杀性巴氏杆菌的污染程度增高，毒力增强，或饲料、气候的突然改变等原因，使兔体抵抗力减弱而致病。

多杀性巴氏杆菌是巴氏杆菌属中的一种。菌体粗短，呈圆形或球杆状，不形成芽孢，菌体具有荚膜。对外界环境的抵抗力不强，通常的消毒液和暴露于阳光或干燥的环境中均可杀灭。但却能在畜尸和粪便中存活 1～3 个月。家兔对来自其他动物的多杀性巴氏杆菌也较为敏感。

【流行病学】　巴氏杆菌病的发生无明显的季节性，但在冷热交替、闷热和多雨季节发病率较高。各种生理状态的家兔均可发病，其中以生长兔多见。病兔和带菌兔是主要传染源。主要传播途径是：病原体从呼吸道或随各种分泌物排出，污染饲料、饮水、用具和环境，经消化道、呼吸道或剪毛时产生的伤口等进入健康兔体内。发病形式可以是流行型或散发型。决定发病形式的主要因素取决于菌株的毒力和家兔群体的抵抗力。流行型表现为急性经过,是强毒细菌所致;散发型是弱毒细菌所致,通常呈慢性经过。

【临床症状】 家兔巴氏杆菌病的潜伏期,可自数小时至2～5天。根据病程可分为急性型、亚急性型和慢性型。

通常认为,急性型是多杀性巴氏杆菌和支气管败血波氏杆菌混合感染所致。病兔突然精神委顿、拒食,体温升至41℃以上,呼吸急促,鼻孔有少量浆液性黏液,打喷嚏;有的病兔出现腹泻;死前体温下降,四肢抽搐。有的病兔可不发生明显症状而突然死亡。剖检可见败血症病变,如浆膜、黏膜和脏器有不同程度的出血点;肺充血、发炎、水肿,胸腔积液,淋巴结肿胀出血;肝有水肿和坏死性病灶。

亚急性型的病兔表现为鼻炎继发肺炎症状,鼻腔流出黏液性或脓性分泌物,粘附于鼻孔周围。呼吸困难,可发生一种像拉风箱时发出的音响,不时打喷嚏,结膜因缺氧而呈蓝紫色。体温升高,食欲减退或废绝。病程一般1～2周,有的延长到1个月左右。如不及时治疗,多半死亡。死后剖检可见胸腔积液,肺组织全部或部分呈深紫色。

慢性型是兔场中的常见病。病兔鼻腔流出浆液性分泌物,后转变为黏液性,最终成为脓性,在鼻孔外周结成污块。由于鼻塞和分泌物刺激,呼吸轻度困难,常打喷嚏和前爪搔鼻,以致局部红肿。病兔食欲不佳,日趋消瘦。大多数经治疗可愈,有的则造成死亡。死后剖检可在呼吸道、肺、胸膜和心包发现慢性炎症,病程可长达1年左右。

此外,多杀性巴氏杆菌还可通过划破的皮肤侵入皮下产生局部脓肿,进入子宫产生子宫积脓,感染睾丸则引起睾丸炎。

【防　治】　青霉素、链霉素、四环素类广谱抗生素和磺胺类药物对多杀性巴氏杆菌病有一定的疗效,对急性病例宜用肌注方法给药,以加速奏效。可用青霉素 40 万单位和链霉素0.5 克联合注射。或青霉素 5 000～10 000 单位/千克体重,每天 1 次,连用 3～5 天。四环素每次半片(0.125 克)或土霉素每次 2 片(0.5 克)内服,每天 1～2 次,连服 5 天为 1 个疗程;磺胺嘧啶或磺胺甲基嘧啶每次可服半片(0.25 克),每天 2次,连服 5 天。对流泪的幼兔,可采用红霉素软膏点眼。

每年春、秋季节,在本病未发生流行前,用巴氏杆菌灭活菌苗或巴氏杆菌—波氏杆菌二联苗对兔群进行预防接种免疫。当发生疫情时也可用于紧急预防注射。(菌苗均应按其说明书使用)。

(二)兔病毒性出血症

兔病毒性出血症俗称兔瘟,由病毒引起。其特征是潜伏期短,传染性强,发病率高,死亡率几乎达 100％,是家兔的烈性传染病。

【病　因】　病原为兔出血症病毒。这种病毒可被 1％氢氧化钠灭活,对温度也较敏感,容易死亡,在 40℃或 37℃的室温下,用 0.4％甲醛溶液可使其丧失致病性,而保持免疫原性。

【流行病学】　兔病毒性出血症多见于青、壮年兔,吮乳兔和断奶前后的仔兔具有较强的免疫力。本病主要发生于冬、春两季。

【症状和病变】　潜伏期为 20～48 小时,其症状可因病程不同而异。最急性型无任何可见的异常变化,而突然死亡,有的病兔在死亡前发出尖叫声。急性型表现为精神不振,食欲减退,体温升高 1℃～2℃,出现症状 6～8 小时后,突然全身抽搐、尖叫、倒地而死。温和型则体温轻度升高,减食 1～2 天后恢复正常。

剖检可见气管和支气管内有泡沫状红色液体,气管黏膜严重充血或淤血,少数病例有出血性病变,肺部有出血性病灶、呈鲜红色或紫红色,但在病灶的大小和数量上无一定规律;肝、脾、肾都淤血肿大,有小的出血点;胃内容物充盈。

【防　治】　目前尚无有效的治疗药物,最有效的预防办法是发病区每年春、秋季节用兔病毒性出血症疫苗预防注射。总结以往经验,对兔病毒性出血症必须采取重复免疫措施,进行第二次加强免疫。具体方法是:仔兔 38～40 日龄做第一次免疫注射,每兔 1 毫升;60 日龄做第二次免疫注射,以后转入常规免疫,每 6 个月注射 1 次。另外,对兔病毒性出血症的免疫宜选用单苗注射,尽量不用联苗,以免影响免疫效果。也可用兔病毒性出血症、巴氏杆菌病二联苗,或兔病毒性出血症、巴氏杆菌、波氏杆菌三联苗进行预防注射。此外,采用严格的检疫和兽医卫生措施,严防兔病毒性出血症病毒污染环境和传播。

必要时,应用高免疫血清有一定的治疗效果。每只兔皮下或肌内注射 5 毫升,每天注射 1 次,连用 3 天。

(三)魏氏梭菌病

本病是由 A 型魏氏梭菌所产外毒素引起的肠毒血症,故又称魏氏梭菌性肠炎。以急剧腹泻、排黑色水样或带血胶冻样粪便、盲肠和胃黏膜出血为主要特征。

【流行病学】　除哺乳仔兔外,几乎所有的兔不分年龄、性别和品种均有易感性。但毛兔和獭兔最易发病,尤以 1～3 月龄幼兔发病率最高。主要经消化道或伤口传染,病兔及排泄物以及被魏氏梭菌污染的土壤和水源均为本病的传染源。四季均有发生,但冬、春季常见。

【临床症状】 病兔精神沉郁而体温不高,不吃食,腹泻,排水样粪便且带有腥臭味,绝大多数为急性,发病后当天或次日即死亡。少数病兔可能拖一段时间,但最终难免一死。

【防 治】 应用兔魏氏梭菌灭活菌苗进行预防注射。也可用金霉素22毫克拌入1千克饲料中喂兔,连喂5天预防本病。病初可用特异性高免血清进行治疗,每千克体重2~3毫升皮下或肌内注射,每天2次,连用2~3天,疗效显著。药物治疗可选用卡那霉素,每千克体重20毫克肌内注射,每天2次,连用3天;喹乙醇,每千克体重5毫克口服,每天2次,连用4天。还可考虑对症配合治疗,如腹腔注射5%葡萄糖生理盐水进行补液,也可内服帮助消化的酵母片或胃蛋白酶等。

(四)兔螺旋体病

兔螺旋体病又称梅毒病。这是由兔密螺旋体引起的一种慢性传染病。

【病 因】 兔密螺旋体是一种极其纤细的微生物,其形态与人梅毒(苍白螺旋体)相似,但不感染人或其他动物。这种病原体主要存在于病兔的外生殖器病灶中,抵抗力较弱,一般消毒剂均能杀死。

【流行病学】 交配是该病的主要传播途径。故基本上发生于育龄繁殖兔。此外,病兔污染过的垫草、饲料、用具等也可成为传播的媒介。兔群中一旦发生本病,其发病率很高,但几乎不会造成死亡。其主要危害是受胎率降低,严重时甚至可造成部分公母兔不能交配,丧失繁殖能力。

【症　状】　兔密螺旋体的潜伏期为 2～10 周。病初可见外生殖器和肛门周围红肿,形成红色粟粒大小的结节,形似杨梅,继以肿胀部的表面出现浆液性渗出液,并形成棕色痂皮,其下有局灶性上皮溃疡。溃疡凹陷,边缘不整齐,易发生出血。少数严重病例,唇、鼻和面部也可发生相似的病变。病程可达数月以上,呈慢性经过。

【防　治】　兔螺旋体病往往是通过引进的种兔或借出外用的优良种公兔带入兔群,所以对这类种兔应严格检疫和隔离观察,确认无病后方可进入兔场繁殖。此外,在配种前应对公母兔详细检查,一旦发现病兔,立即隔离治疗。本病的治疗可采用肌注青霉素,每只兔每天 5 万单位 1 次注射,5 天为 1 疗程;或注射新胂凡纳明(914),每千克体重 40～60 毫克,用注射用蒸馏水配成 5% 的注射液做耳静脉注射,必要时隔 2 周重复 1 次。新胂凡钠明结合青霉素治疗比单一用药效果更好。对炎性病灶可用青霉素软膏涂敷或涂擦碘甘油等。

(五) 乳房炎

乳房炎常见于产后正在哺乳的青年母兔。

【病　因】　由乳房受伤或仔兔吮乳时咬破乳头,从而致使葡萄球菌、链球菌、巴氏杆菌等病原微生物侵入感染。病菌通过乳头管、伤口或血液进入乳腺而发病。

【症　状】　乳腺肿胀,乳房皮肤发红,触摸有痛性敏感,体温可升高到 40℃ 以上。多数病兔拒绝仔兔吮乳,导致乳房进一步肿胀发硬,以致变成蓝紫色,故俗称蓝乳房病。病兔行走困难,精神不振,食欲减退。

【防　治】　早期用抗生素药物治疗有一定的疗效,通常采用每天肌内注射青霉素 20 万～30 万单位,链霉素 0.25

克,1天1次,连续3天。对轻症乳房炎,可挤出乳汁后局部涂以消炎软膏,如10%鱼石脂软膏、10%樟脑软膏等。必要时还可用2%盐酸普鲁卡因注射液2毫升,再用青霉素20万单位溶于6毫升蒸馏水中进行局部封闭治疗。重症或治疗不及时往往预后不良,可发生死亡或造成终生性泌乳功能损害。若母兔因乳房炎而死亡,切忌将仔兔寄养给健康母兔,以免将病菌带给健康母兔。

预防本病的关键在饲养管理,保持笼舍清洁卫生,严防饲料、饲草或巢箱中混入铁丝、玻璃碎片等。适当调整精料、青饲料的比例,以防泌乳过多或不足。

(六)兔球虫病

球虫病是一种严重危害家兔的寄生虫病。

【病　因】 本病的病原体是球虫。球虫是一种原虫,其卵囊随病兔的粪便排出体外,在适宜的温度和湿度下,迅速发育成熟,变成具有感染性的卵囊。健康的家兔采食了被感染性卵囊污染的饲料或饮水而患病。

【流行病学】 家兔球虫病常呈地方性流行,多发生于温暖多雨季节。各种家兔对兔球虫均有易感性,但家兔因年龄不同,易感性存在明显的差异。断奶(45日龄左右)至4月龄的幼兔最易感染发病,死亡率甚高,而成年兔发病轻微。病兔和带虫兔是球虫病的传染源。

【症状和病变】 球虫病基本症状是:病初食欲减退,后期废绝;眼结膜苍白,眼、鼻有多量分泌物;被毛粗乱,时有腹泻,肛门周围常为粪便沾污,排尿次数增多;精神沉郁,伏卧不动,两眼无神。因球虫在兔体内的寄生部位不同,其症状还可区分为三种不同类型:一是肠型。球虫主要寄生于肠管,肠管隆起,膀胱充满尿液,故腹部显著增大;发病初期和后期均出现腹泻症状。二是肝型。肝脏肿大,触诊时出现明显的痛感,口腔、眼睑黏膜呈轻度黄疸色;幼龄病兔往往出现神经症状,伴发四肢痉挛和麻痹。三是混合型。既具有肠型症状,又具有肝型症状,一般较为常见。

球虫病的病理变化大致也可区分为肠型和肝型两种。肠型病变发生于肠管。肠壁血管充血,十二指肠扩张、肥厚,黏膜有卡他性炎症;小肠内充满气体和黏液,黏膜有时充血并有溢血点。在慢性病例,肠黏膜呈淡灰色,存在许多小的白色硬结(内含大量球虫卵囊和小的化脓灶)。肝型病变主要出现在肝脏。肝脏表面和内部均存在白色或淡黄色结节,呈圆形,如粟粒至豌豆大小。镜检结节,可见内含不同发育阶段的球虫,但是在陈旧病灶,其内容物已转变成粉粒样钙化物。

【防　治】　在一般生产兔场中,大多发生过球虫病,有些成年兔是球虫的带虫者。因此,切断球虫的传播环节是预防球虫病发生的关键。

(1)预防措施

①杀灭粪便中的卵囊　兔笼勤清扫,粪便堆积发酵一段时间,消灭球虫卵囊后再作为肥料。

②环境消毒　兔舍和兔笼定期用沸水冲洗或用消毒剂消毒,在温暖多雨季节消毒次数适当增多。

③严防饲料和饮水被兔粪污染　病兔粪便不能用作青饲料基地肥料,在流行季节,青饲料用 1∶4 000 高锰酸钾溶液喷洒消毒;饮用井水或自来水。

④避免带虫母兔感染仔兔　仔兔 26 日龄后与母兔分笼饲养,定时喂奶。

⑤药物预防　母兔怀胎 25 天至分娩后第六天,每天服

0.01%碘溶液 100 毫升,停服 5 天后,再每天服 0.02%碘溶液 200 毫升,连服 1 个月;仔兔断奶 10 天后,每天服 0.01%碘溶液 50 毫升,连服 5 天后,再每天服 0.02%碘溶液 70 毫升,连服半个月。

(2)治疗方法　一旦发现病兔,应及时治疗。常用的方法有以下几种。

①内服氯苯胍　氯苯胍为广谱抗球虫药,防治效果好,毒性低,安全范围大,使用方便,适口性好。使用剂量为每千克体重 20 毫克,每天 1 次,连服 7 天;或用 300 毫克/千克饲料(粉料)混饲 4 周;或从梅雨季节初开始,连续服用,直至梅雨季节结束。

②内服磺胺二甲基嘧啶　剂量每天每千克体重 200 毫克,连用 3～5 天;或用 0.5%～1%混饲,或 0.2%饮水。

③内服可爱丹　预防用量 125 毫克/千克饲料。治疗量 200 毫克/千克饲料,混入饲料中(粉料)喂饲,是一种较好的抗球虫药。

④服用大蒜　5%～10%大蒜浸液灌服,每天 2 次,每次 1～2 汤匙。也可 1 份大蒜、4 份洋葱切碎混合并捣烂,成年兔每天 50 克,幼兔每天 10 克喂服,连服 3～5 天。

⑤服用中药　金银花、黄芩各 15 克,乌梅肉 10 克,甘草 10 克,共研细末,每天 2 次内服,共用 5 天。

(七)肝片吸虫病

本病是一种分布极广的人兽共患病,以青草饲料为主的草食动物如兔、羊等发病率和死亡率均很高,常造成严重的经济损失。

【病　因】　家兔采食了被肝片吸虫囊蚴污染的青草或饮

水均可发生肝片吸虫病。本病在江南水乡多见。

【症状和病变】 病兔初期食欲减退,逐渐消瘦,精神不振;后期耳发白,眼结膜苍白,出现贫血症状,食欲废绝,站立困难,呈极度衰弱状态。如不及时治疗,一般经过5～15天即死亡。

剖检可见皮下水肿,腹腔有多量淡黄色腹水;肝脏肿大,质地变硬,呈黄色。有的病例肝脏表面呈纤维性炎症变化。胆囊膨大,胆管中可找到肝片吸虫的成虫。个别病例在腹腔也有成虫。兔肝片吸虫与反刍动物肝片吸虫相同。

【防 治】 家兔肝片吸虫病可用硫双二氯酚治疗。每千克体重用50～80毫克,间隔2～3天服1次。此外,也可用硝氯酚治疗,剂量每千克体重4毫克。丙硫咪唑对成虫有效,按每千克体重10～15毫克,一次口服。蛭得净(主要成分为溴酚磷),每千克体重10～15毫克,一次口服,对成虫和囊蚴均有效。

严禁饲喂水草和河、沟、塘边的草料,基本上可防止本病的发生。

(八)兔疥癣病

疥癣是一种外寄生虫病,主要侵害皮肤。本病有高度的传染性。若治疗不及时,病兔可因逐渐消瘦和虚弱而死亡。疥癣分体疥癣和耳疥癣两种。前者是由疥螨所致;后者则由痒螨引起,故又称兔螨病。

【症 状】 体疥癣多半是从兔的鼻端开始,逐渐蔓延到眼圈、耳根、四肢,最后可遍及全身。疥螨通过皮肤掘开隧道吞食上皮细胞,吸吮淋巴液,引起强烈瘙痒,患部脱毛,出现丘疹或水疱,逐渐形成白黄色的痂皮。耳疥癣在病初接近耳根处发生红肿,继而脱皮,有时流出渗出液,持续数天后结成黄褐色松香样痂皮。痂皮会慢慢增大,塞满耳孔。由于病原体引起兔子患部奇痒,病兔不时摇头,并用脚爪搔痒,随着搔伤常引起继发性细菌感染。

【防　治】　疥癣的预防主要在于隔离病兔并进行环境和器具的彻底消毒。新购种兔必须严格检疫,确诊无病后才能进入兔场饲养。一旦出现病兔,应及时隔离,对病兔笼和用具用5%克辽林(臭药水)或10%~20%生石灰水消毒。

病兔要及时治疗。剪去患部及其周围的毛,清除痂皮和污物,用5%温肥皂水或0.1%~0.2%高锰酸钾或2%来苏儿溶液刷洗患部,然后涂上杀灭病原体的药物。常用药物有以下几种。

①耳疥癣的治疗　可用碘甘油(碘酊3份,甘油7份)或硫黄油剂(硫黄、松节油和植物油等量混合剂)滴入耳内,每天1次,连滴3天,间隔8天后再重复用药3天。

②体疥癣的治疗　用2%敌百虫溶液擦洗患部,每天3次。或用烟丝50克,食醋500毫升,浸泡24小时后,取浸液擦洗患部,连续擦洗数天。也可用灭虫丁(又叫虫克星,主要成分为依维菌素)皮下注射,每千克体重0.02~0.04毫克,7天后再重复注射1次,一般情况治疗2次可治愈。

(九)皮肤霉菌病

皮肤霉菌病又称毛癣病。是一种真菌传染病,主要侵害皮肤和被毛。病原体为毛癣菌和大小孢霉菌。本病通过病兔相互接触传染。在兔体营养不良、兔舍卫生差、采光和通风不良的兔场容易发生。

【症　状】　霉菌主要生存于皮肤角质层,一般不侵入真皮层。其代谢产物具有毒性,可引起真皮充血、水肿,发生炎症。面、足部尤为明显,可出现硬块和浅表溃疡。病变部及其周围常发生毛脱落,引起毛囊周围炎症。通常根据癣斑(患部)外形特征,可分为斑状秃毛癣、轮状秃毛癣和水疱性结痂性秃毛癣。癣斑具有鲜明的界限,其上有残毛。皮肤霉菌病易与疥癣混淆,两者的鉴别要点是:霉菌病痒觉不明显,而疥癣有剧烈的痒觉;霉菌病有特征性癣斑;通过镜检病料,疥癣可找到螨虫。

【防　治】　皮肤霉菌病的常用治疗方法有两种:其一,患部外涂 10％水杨酸酒精或油膏;其二,在病情严重的兔场,每千克饲料中添加 20 毫克灰黄霉素,连续饲喂 25 天。这种治疗方法较简便,疗效理想。此外,也可用治疥癣的外用药物局部涂擦。

(十)兔 虱 病

兔虱是一种家兔体表的外寄生虫。在环境卫生较差的兔场,一旦兔虱通过病兔或其他途径带入,则会迅速蔓延。

【症　状】　兔虱在叮咬家兔的皮肤时,分泌出一种有毒唾液,刺激皮肤的末梢神经,引起发痒。于是,兔用嘴啃爪搔,到处擦痒,往往划破皮肤,血液和炎性液体溢出,形成硬痂。皮肤损伤严重时,可继发细菌感染,引起化脓性皮炎。拨开患部的被毛,在皮肤表面和被毛的下半部可以看到很小的黑色兔虱钻来钻去,被毛的基部有淡黄色的虫卵。病情严重时,病兔出现食欲减退、消瘦等现象。对幼兔危害严重,且降低毛皮质量。

【防　治】　驱除兔虱应在远离兔舍的地方进行。先将病兔的毛剪去,然后置病兔于箱内,用手掌把除虱药逆毛揉搓整个体表,使残存的短毛布满药粉。最后用手顺毛抚摸,使药物快速有效地杀死兔虱。常用的除虱方法有两种:其一,将敌百虫合剂(用敌百虫 2 克,石灰 100 克,滑石粉 250 克,卫生球 1 粒配制而成)撒于兔体表,2 小时左右可杀死兔虱。经隔离数天重复用药 1 次。其二,百部 1 份,清水 7 份,煎煮约半小时,制成百部水溶液,用纱布蘸取药液涂洗患部。

(十一)感 冒

感冒是一种常见的急性全身性疾病。若不及时治疗,容易继发支气管炎和肺炎。

【病 因】 气候突变、热冷不均、兔舍潮湿、通风不好,或剪毛后受凉,或运输过程中淋雨,均可引发感冒。冬季防寒措施不力也是引起兔感冒的原因。

【症 状】 病兔初期不喜吃食,流鼻涕,打喷嚏,鼻黏膜发红,咳嗽,流眼泪,常用前爪擦拭。直至体温升至 40℃以上,绝食、呼吸困难,四肢末端及耳鼻发凉,出现畏寒战栗。

【防 治】

(1)预防 在气候骤变季节,要注意防寒保暖。兔舍要保持干燥、清洁、通风。发现病兔尤其是幼兔要及时隔离,放在温暖的地方,并给予优质易消化的饲料。

(2)治 疗

①内服阿斯匹林片 剂量成兔 1 片,幼兔半片,每天 3 次,连服 2~3 天。

②内服扑热息痛 每天 2 次,每次 0.5 克,连服 2~3 天。

③皮下或肌内注射复方氨基比林注射液 每天 2 次,每次 1 毫升,连用 1~3 天。

④注射抗生素或磺胺类药 为预防继发肺炎,可肌注青

霉素 20 万～40 万单位,或链霉素 0.25～0.5 毫克。也可静脉或肌内注射磺胺二甲嘧啶,每千克体重 70 毫克,1 天 2 次。

⑤用鼻眼净滴鼻 每天 3 次,每次 3～5 滴。

(十二)兔积食病

积食多因饲养管理不善引起。特征是病兔消化功能障碍,大量食物滞留于胃,发酵产气,使胃容积增大到超出生理限度,以致病兔出现疝痛、不安等症状。

【病　因】 本病多发生于 2～6 月龄的兔。病因为过多采食不易消化而易发胀、发酵的干饲料。另外食入霉变饲料,或饲料突然改变,喂料时间无规律而饥饿或暴食,或喂给冰冻饲料等,均可引发本病。

【症　状】 本病一般在采食后 2～4 小时发病,起初精神不振,头下垂,流涎,继而腹部明显膨胀,用手触摸可感觉到胃内充满气体。大便秘结或排出带酸臭气味的软粪,体温一般不升高。病情较重者,呼吸困难,甚至发出痛苦的尖叫声。

【治　疗】 发病后可灌服十滴水 3～5 滴,以制止胃内容物发酵。大便秘结者,可投服蓖麻油或蜂蜜(15～20 毫升,分 2 次)等缓泻剂,以软化胃内容物和通便。此外,可用大黄苏打片,每次 1～2 片,日服 3 次。在用药治疗的同时,按摩腹部,适当运动,收效更好。

(十三)便　秘

便秘是粪便在大肠内长时间积聚,水分被吸收,使粪便干硬而阻塞肠管。

【病　因】 饲喂纤维物质含量过低的饲料,肠壁缺乏刺激,运动功能减退。另外,饮水不足,或者饲料中含多量的泥沙等均可引起家兔便秘。

【症　状】　食欲减退，排便时粪球小而量少、干硬无光，有时呈两头尖的梭状硬粒，严重者粪粒外包有一层白色胶样物质；尿量少、呈棕红色，触摸腹部可感觉到大肠内积聚多量的干硬粪粒。

【防　治】　投服缓泻剂，润滑和软化肠内容物。可选用蓖麻油 5 毫升、蜂蜜 10 毫升，加适量的水一次灌服。硫酸镁或硫酸钠 2～4 克溶入 50～100 毫升水中，一次灌服。急性病例，可用温肥皂水灌肠，每次 20～30 毫升。人用的开塞露，主要成分为甘油，对治疗便秘疗效颇佳，可按说明书要求方法使用。

预防本病，主要从饲养管理着手。饲料要精、粗、青合理搭配，喂饲要定时定量；供给充足的清洁饮水，适当运动均有预防效果。

（十四）毛球阻塞病

毛球阻塞病是家兔特有的一种消化道疾病，而且多发生在毛用兔，皮用兔和肉用兔则不多见。

【病　因】　本病的发生是家兔采食兔毛或饲料中混有兔毛或难消化的植物长纤维所致。这些物质在消化道内形成球状物，阻塞肠管，造成消化障碍。家兔食毛的原因可能是日粮纤维物质含量过低，或饲料中缺乏某些纤维素或矿物质和含硫氨基酸。个别家兔有嗜毛恶癖。

【症　状】　主要症状是食欲不振，常咬食自身或同笼兔的毛，好伏卧，喜饮水，大便秘结，粪便内夹杂有兔毛，腹部膨大，甚至因消化道严重阻塞而死亡。

【治　疗】　可灌服蓖麻油或菜油 15～20 毫升，以通粪便,使毛球排出,同时应改变饲料,供给富含纤维素的青、粗饲料。另外,根据具体情况补饲相应的维生素、含硫氨基酸和矿物质饲料。

(十五)腹　泻

腹泻是影响家兔生产的常见病,它有别于细菌、病毒、寄生虫病等引起的腹泻,故称为一般腹泻,但它可继发其他消化道疾病,发病率和死亡率均颇高,尤其对幼兔危害极大。

【病　因】　饲养管理不善,饲喂不定时、定量、饥饱不均,贪食过量;饲料搭配不合理,高蛋白质、高能量饲料比例过高而粗纤维饲料不够,或青绿饲料饲喂过量;饲喂霉烂变质或冰冻的饲料,饮用不洁净的水;兔舍湿冷,幼兔着凉等都会引起腹泻。

【症　状】　病兔精神沉郁,不思采食,甚至食欲废绝。粪便呈糊状或水样,常混有未消化食物的碎片和浓稠的黏液,有恶臭。病兔肛门周围的被毛被粪便污染,后肢被毛粘结一团。重症者脱水严重,消瘦,被毛零乱,体温上升,全身病情恶化。如不及时抢救,很快死亡。

【防　治】

(1)预防　首先加强和改善饲养和管理,杜绝致病因子,调整饲料配方,停喂原来的饲草、饲料,定时定量喂给优质干草和易消化的饲料并提供充足的清洁饮水。

(2)治疗　在查清致病原因的基础上,首先清理胃肠、抗菌消炎,再进行对症治疗。

①内服人工盐　剂量为 2.5 克,加温水 50 毫升,一次灌服。

②调整胃肠功能　用大蒜 10 克捣成汁内服或陈皮酊 10

毫升一次灌服。

③选用杀菌、消炎和收敛止泻药　磺胺脒每千克体重 0.2克,内服,每天2次,连服2～3天;或鞣酸蛋白每兔每次 0.3克,每天2次,连服2～5天。

④板蓝根加口服补液盐治疗法　用5～10克板蓝根煎汁 或板蓝根冲剂内服,每兔1剂,每天2～3次,连服2天;或板 蓝根注射液肌内注射,每兔每次2～4毫升加维生素C注射 液2毫升,一次肌内注射,每天2次,2天为一疗程。板蓝根 有清热解毒,杀菌消炎,保肝利胆,增强免疫力的作用。口服 补液盐(ORS液):取氯化钾1.5克,氯化钠3.5克,小苏打 2.5克,葡萄糖20克,加温开水1000毫升溶解后供病兔自由 饮用,每天2次,连用2～3天。口服补液盐不仅能调节机体 内水、电解质与酸碱平衡,而且还能增加体液,促进糖及蛋白 质代谢功能,改善微循环、增强抗病力。

据临床实践,以上疗法对各种腹泻均有疗效,在腹泻初期 效果最好,治愈率最高。

(十六)母兔不孕症

【病　因】　母兔不孕是一种常见的疾病。病因甚多,主 要有以下几种:其一,母兔生殖系统发生炎症,如子宫炎(李氏 杆菌感染较多见)、阴道炎、卵巢炎;其二,母兔过度肥胖,雌性 激素被体脂吸收,性功能减退;其三,饲料缺乏维生素E或微 量元素锰;其四,饲养水平低下,母兔营养不良,过度消瘦;其 五,脑垂体等内分泌腺功能不完全或紊乱,以致生殖器官先天 性畸形。此外,家兔在换毛期一般不易受孕。

【防　治】　对患不孕症的母兔应在查明原因的基础上采 取针对性措施。患有生殖器官炎症或先天性性功能不全者以淘汰为宜。对于营养失调的病例应改善饲养管理,调整日粮配方。也可试用激素治疗,皮下或肌内注射促卵泡素(FSH)。

(十七)产后瘫痪

【病　因】 兔笼潮湿,运动不足,饲料中毒或产仔过多均可引起产后瘫痪。此外,一些传染病(梅毒等)、寄生虫病(球虫病等)和内科病也可并发本病。

【症　状】 产后突然发病,卧地不起,大多数病例食欲正常,有的病例出现食欲废绝、便秘和小便不通等症状。

【治　疗】 内服1茶匙蓖麻油,或2～3克硫酸钠;直肠灌注温热的15%食糖溶液20～40毫升,每隔2～3小时重复1次;内服3～5毫升蜂蜜,每天1次,连服数天。

(十八)妊娠毒血症

本病在产前和产后的短时间内发生,往往是无明显症状而突然死亡。剖检可见,病变主要发生在肝脏。肝脏外观呈黄色或橙色,肝切片镜检可见肝细胞内存在大量的脂肪。本病是由于肝细胞内不能滤过的脂肪干扰肝脏正常代谢和产生大量的酮体所致,故又称酮症。其真正的病因尚不清楚,但与食入高能量饲料有关。因此,对发病兔群应控制日粮能量水平。对病兔静注10%葡萄糖溶液15～20毫升有一定的疗效。

(十九)饲料霉菌中毒

霉菌广泛存在于自然界中,种类颇多,饲料极易受其污染,导致营养价值下降,适口性变差,其产生的毒素被动物大量食入后,极易发生霉菌毒素中毒症。据有关资料称,霉菌毒素中毒约占饲料中毒的 24.14%;中毒兔数占饲料中毒总兔数的 81.87%,死亡率为 3.42%。饲料霉菌中毒的毒素主要有 3 种,即曲霉菌属、镰刀菌属和青霉菌属。产生的毒素主要有黄曲霉毒素、赭曲霉毒素、玉米赤霉毒素、烟曲霉毒素、桔霉毒素、麦角毒素等,尤以黄曲霉毒素为甚,毒性最为强烈。

【病　因】　许多寄生于饲料中的霉菌在饲料受潮、温度适宜(28℃左右)的条件下,大量生长繁殖,有些霉菌在其代谢过程中产生大量毒素,家兔采食后易引起中毒。

【流行病学】　霉菌毒素被食入后,根据毒素量、毒素性质及个体因素的不同,可能出现不同程度的急性或慢性中毒。急性多发生在饲喂严重霉变(结块、发热、色泽黄绿色或黑色、腐臭味浓烈)的饲料后,突然群体发病(拒食、腹泻、瘫痪、衰竭死亡),但不多见。一般多为慢性中毒。饲料霉菌中毒具有以下流行病学特点:一是哺乳仔兔死亡多。多发生在 20 日龄之内的仔兔,断奶前后死亡,幸兔不死者因生长发育缓慢而成为僵兔。故有人称母兔的奶为"毒奶",怀疑可能是霉菌毒素所致。二是断奶后 2 月龄内的幼兔死亡率高。幼兔普遍消瘦衰弱,断奶体重不足 500 克,无明显症状即死亡。三是怀孕母兔有流产和死胎发生。这些现象可能都与饲料霉菌毒素有关。

【临床症状】　食欲减退,流涎,腹痛;消化紊乱,初期便秘,后期腹泻,粪便常有黏液或夹带血液,散发恶臭;体温升高,呼吸加快,全身衰弱,站立不稳,后躯瘫痪,出现爬行,临死时全身瘫软。怀孕母兔发生流产。有的毒素抑制了细胞免疫功能,虽注射了灭活菌苗,但仍发病。本病死亡率较高。剖检可见:胃肠黏膜炎症;肝脏肿大,质脆,色淡或灰黄色,胆囊充盈;肺有不同程度淤血,水肿;肾轻度肿大,色淡,膀胱积尿;心脏和脾脏均有出血点。

【防　治】

(1)预　防

其一,严禁饲喂发霉变质的饲料。

其二,重视饲料的保管,库房要保持干燥、通风,按时翻动和晾晒,尤其是玉米的水分要控制在14％以下。

其三,使用霉菌毒素吸附剂。目前常用的有霉可脱、畜安生等。霉可脱可在动物肠道内吸附多种霉菌毒素,如对黄曲霉毒素的吸附率可达90％～100％。添加量为0.5～1千克/吨饲料。畜安生能高效分解饲料和机体内的霉菌毒素,具有微生物作用、酶作用和吸附作用。是加拿大纽茨比奥公司的产品。按说明书要求使用。

(2)治疗　一旦发现饲料霉菌毒素中毒,可立即停止饲喂发霉饲料;给病兔服用泻药,如内服5％硫酸钠溶液50毫升,以排除消化道内有毒物质;静脉注射5％葡萄糖氯化钠溶液50～100毫升,每天1～2次;皮下注射咖啡因或樟脑注射液以强心。

(二十)误饲有毒植物中毒

蓖麻叶和其种子含蓖麻素和蓖麻碱。这两种物质对家兔均有毒性,其中蓖麻素是一种溶血性蛋白质。家兔采食1.5克蓖麻籽即可致死。蓖麻中毒的症状是:突然倒地,体温下降,结膜苍白,腹痛,便血和心力衰竭等。

马铃薯的外皮和芽含有马铃薯素配糖体,对家兔有一定的毒性;马铃薯茎叶中也有这类有毒物质,其含量在发芽时和开花期最高。因此,用发芽的马铃薯或植株饲喂家兔往往会发生中毒现象。

苦楝叶、籽中含有毒物质苦楝素等,家兔食后可发生中毒。枇杷、桃和李的叶中含有杏仁配糖体、氢氰酸和皂碱配糖体等有毒物质,家兔食后也可引起中毒。

中毒病兔的治疗可用泻剂排除毒物,皮下注射肾上腺素、樟脑等,静注高渗葡萄糖和乌洛托品,解毒利尿,剂量可视病情而定。

(二十一)农药中毒

敌百虫、敌敌畏、辛硫磷、三氯杀虫酯和乐果等是有机磷和有机氯杀虫剂,家兔误食喷洒上述农药不久的青饲料或田间杂草,以及用敌百虫治疗内、外寄生虫病时用量不当,均可发生中毒现象。主要症状是:流涎,流泪,瞳孔缩小,呼吸急促,全身肌肉震颤,有时兴奋不安,发生痉挛。重症很快会全身麻痹,窒息而死。轻症病例仅表现为流涎和拉稀。

有机磷农药中毒,如抢救及时,疗效较好。外用有机磷农药引起的中毒病例,应立即清除体表残留药物;而内服中毒病例则应灌服泻剂,以避免毒物继续吸收,加剧中毒程度。一般病兔皮下注射硫酸阿托品 0.5～5 毫克,以流涎停止和瞳孔恢复正常为用药的标准。硫酸阿托品作用时间较短,用药后重新出现流涎和瞳孔缩小时应再度注射,同时可静注解磷定。对重症兔应同时采取强心和补液等对症疗法。

第十一章　家兔的主要产品

家兔浑身是"宝",但能够进行商品性生产的主要是兔毛、兔皮、兔肉。本章主要介绍这些产品的特性、商品要求和加工利用等方面的基本知识。

一、兔　毛

（一）兔毛纤维的组织学构造

兔毛纤维从形态学角度讲,主要由毛球、毛根和毛干三部分组成。其中前两部分在皮肤之内,一般是看不见的,只有毛干才穿出皮肤之外,也就是我们通常所说的兔毛纤维。

兔毛纤维不同于一般的化学纤维,有其特殊的组织学构造。每根兔毛纤维,其纵切面由三层组成,由表及里,依次为鳞片层、皮质层和髓质层。

1. 鳞片层　是毛干的最外层,它由扁平的角化细胞所组成,围绕毛干呈覆瓦状（鱼鳞状）或环状排列,对毛纤维主体——皮质层,起着保护作用,使兔毛纤维免受外界有害理化作用的影响。另外,鳞片的形状及排列的紧密程度也会影响光泽的强弱。粗毛一般由非环状鳞片呈鱼鳞状平整的排列,对光线的反射较强烈,故光泽较强;细毛由环状鳞片重叠排列,鳞片端呈游离状,表面粗糙,能吸收部分光线,故对光的反射较弱,光泽较粗毛弱。

2. 皮质层　是兔毛纤维的主体,由许多纺锤形角化细胞沿毛干纵向紧密排列。皮质层所占的比例愈大,则毛纤维的物理性能愈佳。绒毛(细毛)的皮质层比例最大,故纺织性能最好;粗毛(枪毛)皮质层比例最小,纺织性能最差。另外,天然色彩的兔毛,其色素主要沉积在皮质层纺锤细胞之中,脱色困难,故作为毛纺织原料的兔毛,以白色最优。

3. 髓质层　处于毛干的中心,类似动物的骨髓,故而得名。兔毛纤维的组织学构造和羊毛不同,其特点在于无论何种类型的毛纤维均有髓质层,只是所占的比例不同而已。细毛(绒毛)一般髓质层呈单列纵向排列;粗毛髓质层发达,其髓质层细胞少则双列,一般有4~5列,多则有10列以上。髓质层由多角细胞组成,其疏松的细胞间隙中充满了空气,在显微镜下观察,发现毛纤维中心有纵向排列的黑点。该层愈发达,其纺织性能愈差。然而从生物学的观点看,髓质层对调节兔子体温是有益的,因其中充满着空气,空气是热的不良导体,冬季能减少体温的散发,夏季能减少外界热空气对兔体的侵袭。故兔毛制品,保温力强,其道理即在于此。

(二) 兔毛纤维类型

兔毛纤维按其粗细、长短、弯曲形态和髓质层的发达程度,可大体分为细毛(绒毛)、两型毛和粗毛(枪毛)三种类型。

1. 细毛　是兔毛的主体,一般占兔毛纤维的90.17%~94.22%,平均细度为13~14微米,长度在各种类型中最短,有明显的不规则的弯曲。鳞片一般呈环状覆叠式排列。鳞片端呈游离状。髓质层由单层多角细胞点状纵向排列,因此,皮质层相对较厚。该类型在兔毛中所占比例愈大,纺织价值愈高。

2. 两型毛　一般占兔毛纤维的4.3%~6.1%,比细毛略粗而长,毛纤维本身细度不均匀,毛干的上半段无弯曲,具粗毛特征,下半段较细且有明显的弯曲,又具细毛的特征,故称两型毛。该类型毛纤维在粗细相接处易被折断,兔毛衫掉毛很可能由此而引起。

3. 粗毛 一般占兔毛纤维的 1.73%～3.47%,但不同品种、品系间有差异,多者超过 10%。该类型毛粗而长,其细度为 30～120 微米,几无弯曲,毛质粗硬,毛干呈现出两头细中间粗的形态,毛端形似矛头,故又称枪毛。髓质层较发达,鳞片平整排列,光泽较强。从生物学角度讲属保护毛,可使被毛免于缠结;从纺织角度讲,可使兔毛织品具有特殊的风格。但枪毛超过 10%,则降低纺织价值。

(三) 兔毛的主要物理性能

1. 细度 细度乃是决定兔毛品质和使用价值的重要物理指标之一。细度决定着兔毛的可纺支数,同样重量的毛,细毛比粗毛纺的毛纱长,不仅织物数量多而且织品精细。兔毛纤维因为是混型毛,所以它的细度一般不用支数表示,而用在显微镜下测量的纤维横断面的直径或短纤维的宽度表示,计量单位为微米。在纺织上,一般采用分档分级的方法,平均细度作为主要参考条件(表 11-1)。

表 11-1 中系安哥拉兔毛分档分级标准

项 目	优 级	一 级	二 级
平均细度(微米)	13.09	13.38	13.44
均方差	5.10	7.05	6.50
离散系数(%)	38.90	52.69	48.38

2. 长度 兔毛的长度是考核兔毛品质、分等、分级的重要依据,也是确定加工类型和用途的主要条件之一。长而细的兔毛可织造精纺织品或作经线;反之,只能作纬线或粗纺和织造一般的针织品。在品质鉴定或收购兔毛时,一般均测量以绒毛为主体的毛丛的自然长度,以厘米为单位。国内收购兔毛规格要求,特级毛为 6 厘米;出口标准,特级毛则为 6.35 厘米(2.5 英寸)。在纺织系统常采用伸直长度,单位以毫米表示。如优级兔毛最长可达 100 毫米以上,中间长度为 52.5 毫米,平均长度为 49.64 毫米。

3. 伸强度 伸度和强度有着密切的关系,强度和伸度的测定往往结合进行。

(1)伸度 将单根兔毛纤维一端固定在仪器的挟持器上,另一端进行拉伸,先使自然弯曲消失,再继续拉,直到断裂为止所延伸的那一部分长度与伸直长度之比为伸度或伸长率,以百分率表示〔(断裂延伸长度/伸直长度)×100%〕。中国安哥拉兔毛的伸度为 23.7%,低于细羊毛(30%～50%),但高于棉、麻等纤维,故纯兔毛织物,没有纯羊毛织物耐磨和耐穿,一般多与羊毛等纤维混纺。

(2)强度 兔毛纤维对断裂力的应力称为兔毛的强度。强度有两种概念,一为绝对强度,另一种为相对强度。绝对强度,一般是指将单根纤维拉断时所需的荷重,以克表示。如安哥拉兔毛单纤维断裂强度,细毛为 1.8～3.1 克,粗毛为7.1～22 克。但它不能完满地表示不同纤维类型的真实强度,表面上看起来粗毛绝对强度大于细毛,但如果把几根细毛合在一起,使二者细度均等,再进行强力试验,情况就大不相同。细毛的强度远超过粗毛,这就产生了相对强度的概念。相对强度是指纤维横断面单位面积上所承受的断裂负荷,以帕(千克/厘米²)为单位。强度是兔毛纤维重要的物理指标之一,决定着兔毛织物的耐穿性。强度和伸度既是两种概念,但又有着密切的联系。如伸度好,强度亦会好;反之,强度很小的纤维,伸度也不会好。

4. 弯曲度 兔毛没有细羊毛弯曲那么明显、整齐,它具有不规则的弯曲。弯曲与纤维细度相关,粗毛的弯曲没有细毛多且不明显,细毛每厘米长度内最多有 7~8 个弯曲,粗毛仅有 2~4 个弯曲。弯曲度还与织物的弹性密切相关。

5. 弹性 将一团兔毛用手握紧,则兔毛体积缩小,松开手则恢复原形,这种现象就是兔毛的弹性。恢复原形的快慢就是弹性的大小。兔毛织品在自然条件下能够保持一定的形状,虽经穿用也不易变形,说明兔毛具有一定的弹性。

6. 可塑性 是指兔毛在一定的湿度、温度条件下,能够保持一定形状的能力。动物毛纤维都有这一特性,如烫熨毛料衣服、烫头发,就是利用这一特性。

7. 吸湿性 兔毛从空气中吸收水分的能力,称为兔毛的吸湿性。烘干了的兔毛,在自然条件下放置一昼夜,所增加的水分含量,叫兔毛的回潮率。兔毛不仅能吸收空气中的水分,而且具有保持和释放一定量水分的能力。兔毛吸收水分的多少,除本身的物理特性外,在很大程度上取决于空气中的湿度大小,如南方比北方吸湿度大,雨季比旱季吸湿度高,故毛线、毛纱不能称斤卖,就是这个道理。用兔、羊毛做游泳衣裤穿着舒适,不会紧贴皮肤;做衬衣,不会由于出汗衣服粘贴在身上而给人以不舒服的感觉。不仅如此,空气干燥时,它还会释放一部分水分,调节湿度。这种奇特现象产生的原因,与毛纤维的特殊组织学构造尤其是独特的鳞片有关。

8. 比重 是指在一定条件下,同体积兔毛与水的重量之比值。安哥拉兔毛（混合原毛）的平均比重为 1.095，粗毛为 0.96，细毛为 1.11。粗毛的毛髓部分多于细毛。因此，粗毛的比重小于细毛。兔毛与羊毛比较，兔毛比重小于羊毛（1.30），故兔毛织物比羊毛织物轻。

9. 毡合性　兔毛具有较强的毡合性，绒毛含量愈高则毡合性愈大，这是由于绒毛鳞片的游离端互相勾结的缘故。毡合的程度大小，与温度、湿度和外界的压力密切相关。长毛兔如果饲养管理不善，容易使兔毛毡结成块。洗兔毛衫时，洗液温度过高或用力揉搓，都会使织物失去原形，甚至变成毡片，降低使用价值。

10. 光泽与毛色　光泽与毛色是两个不同的概念，但二者有着密切的关系，一般把二者结合起来叫色泽。光泽是兔毛纤维对光线的一种反射性能；毛色则是指毛纤维的天然色彩。一般来说兔毛的光泽较羊毛强，白色毛经染色后色彩鲜艳夺目。作为毛纺织原料的安哥拉兔毛，其毛色应是纯白色的。饲养管理不善，或兔毛保管不妥，也会使兔毛变黄，而且失去兔毛的正常光泽。

（四）兔毛的主要化学性质

兔毛纤维是一种角化蛋白，其化学成分主要有碳、氢、氧、氮和硫 5 种元素，是化学结构极其复杂的物质。据我们分析，由近 20 种氨基酸组成。其中，胱氨酸含有大量的硫，占兔毛纤维含硫量的 95% 以上。氨基酸一般不单独存在，而是由两个以上的氨基酸相互结合，形成多种链长不一的多缩氨酸，并借胱氨酸键及盐键从中桥接，构成毛蛋白分子。

1. 对酸的反应　兔毛对酸的反应和植物纤维（棉、麻）大不相同。兔毛对酸有一定的亲合力，抗酸能力较强，但不同的酸对兔毛的影响也不相同,而且受浓度、温度和处理时间的影响较大。弱酸尤其是有机酸,对兔毛几无损害,故在兔毛染色过程中常加适量的醋酸或蚁酸以提高染色效果。强酸如浓硫酸,在常温条件下暂短时间内对兔毛几无破坏作用,但2～3分钟后,就会使兔毛变成深色的物质,最后被溶解,在高温情况下,对兔毛的破坏更为迅速。毛纺工业上利用兔毛的抗酸性和酸对植物纤维的碳化作用,常用 4% 的稀硫酸在室温条件下处理兔毛,以清除兔毛中夹杂的草屑和植物纤维(棉、麻等),即所谓的碳化法。

另外,有些酸类对兔毛还有特殊的反应,如过氧乙酸会严重破坏兔毛化学结构中的胱氨酸键,使兔毛失去正常的物理性能;浓硝酸在常温情况下,能使兔毛变黄,即所谓朊黄反应。

2. 对碱的反应 一般来说兔毛对碱的反应敏感,碱对兔毛纤维有较大的破坏作用,尤其是氢氧化钠。据试验,0.01%的氢氧化钠溶液加温至 60℃ 就会使兔毛纤维遭受破坏;3%的氢氧化钠溶液,加热至 100℃,2～3分钟即可使兔毛纤维完全溶解。弱碱虽然对兔毛及其织品破坏性较小,但受浓度、温度和作用时间等因素的影响较大。故在利用碳酸钠洗毛及其制品时,洗液浓度应控制在 0.2% 左右;洗液温度应不超过55℃ 为宜。否则,兔毛就会受到损害,被损害的兔毛颜色变黄,失去光泽,发脆,强度、伸度降低。

3. 对氧化剂的反应 兔毛及其制品易受氧化剂的破坏。通常用作漂白剂的过氧化氢,可使兔毛永久洁白,但在强溶液中氧化过度亦会被损害,故在选用过氧化氢作为漂白剂时,应控制浓度、温度和酸碱度(pH 值)。用两个容积的过氧化氢,温度控制在 50℃,pH 值 7 以下,处理兔毛 3 小时,对兔毛不会发生损害作用。

另外,高锰酸钾、重铬酸钾等浓溶液对兔毛均有破坏作用。

(五)兔毛的收购规格和出口标准

商品兔毛在国际兔毛市场和各个国家均有各自的标准和规格要求。我国现行的有两项规格标准,即收购规格和出口标准。

1. 收购规格 制定长毛兔兔毛收购规格主要是为了促进长毛兔生产的发展,提高兔毛质量,充分发挥兔毛的优点。因此,采取分档定级、分级作价,贯彻优毛优价的政策(表 11-2)。在贯彻兔毛收购政策的同时,还必须强调"四分",即要求分级采毛,分级收购,分级包装和分级调运,以确保兔毛质量。

表 11-2　长毛兔兔毛收购规格

等　级	规　　　格	价格级差
特	长度 6 厘米以上,纯白色,全松毛,粗毛不超过 10%	120%
一	长度 5 厘米以上,纯白色,全松毛,粗毛不超过 10%	100%
二	长度 4 厘米以上,纯白色,全松毛,粗毛不超过 20%,略带能撕开、不损害品质的缠结毛	80%
三	长度在 3 厘米以上,纯白色,全松毛,粗毛不超过 20%,可带能撕开、不损害品质的缠结毛	60%
等外一	长度不足 3 厘米的全白松毛,不够三级毛要求者	40%
等外二	烫煜、缠结、粘块和变色等杂毛均属之	30%

2. 出口标准 根据国际市场对兔毛质量的要求和我国兔毛生产的实际情况,制定了中系安哥拉白兔毛出口标准(表 11-3)。

表 11-3　中系安哥拉白兔毛出口标准　（摘要）

等　级	平均长度（厘米）	松毛率（%）	色　泽	毛　形	杂质含量（%）
优	4.05 以上	99	洁　白	清　晰	<1%
一	3.35 以上	99	洁　白	较清晰	<1%
二	2.75 以上	95	洁　白	略　乱	<5%
三	1.75 以上	90	较　白	凌　乱	<10%
四	1.75 以下	90	次　白	—	—
各级兔毛总的要求是无结块、无变色、无虫蛀					

出口商品毛还须按出口标准进行加工,加工包括人工分选、拼配、开松、除杂和包装等工序。加工后商品兔毛由商检局按批抽样检查,符合标准规定者,出具证书,准予出口,否则不准出口。

3. 如何掌握标准和规格要求　兔毛出口应坚决执行出口标准,对质量严格把关,以维护国家信誉。

无论收购规格还是出口标准,衡量兔毛品质的主要依据是长、松、白、净四个方面。要在这四个方面掌握好质量,才能使产品达到要求。

（1）长　指毛丛在自然状态下的长度,而不是伸直长度。一般粗（枪）毛长于细（绒）毛,粗毛长度不计,而以细毛长度为准。

（2）松　指松散度,要求不带缠结毛。缠结有三种形态:①略带缠结不呈毡状,容易撕开,撕开后不影响品质。②缠结毛虽呈毡状,但较轻微,稍用力即可撕开,对品质稍有损伤。③结块毛严重缠结,不易撕开。

（3）白　指兔毛的颜色和光泽，全部白色称为纯白色。纯白色在互相对比时其色泽也有差别。如洁白光亮者为洁白色，列为最佳色泽；色白略带微黄、微红、微灰等色泽者称为较白色；次于较白色者为次白色。非白色者则为次色毛、有色毛、染色毛。

（4）净　指含水、含杂而言。兔毛受潮容易霉烂变质，要求保持干燥。杂质尽可能除净，含杂限制从严掌握，应将棉花、皮块、化纤和杂兽毛等杂质除去。

各级兔毛总的要求是无结块、无缠结、无杂质、无虫蛀。

（六）兔毛的保藏、包装及运输

1. 兔毛的保藏　兔毛是高级毛纺原料，也是出口的重要物资，保管贮藏的好坏直接影响商品的质量，不容忽视。

兔毛收购后应按等级分别存放，在贮存保管中必须注意防潮、防蛀、防变质和防止杂物混入。采购站可用木柜加盖贮存；数量较大的采购站或县级畜产公司，可采用专仓贮存。仓库要求高燥、清洁、通风。商品兔毛切忌直接接触地面和墙壁，应放置在货架上或枕木上。雨季要防雨、防潮。天气晴朗时要打开窗户通风，必要时还需翻垛晾晒。兔毛是角蛋白，易受虫害，尤其易发生虫蛀。因此，兔毛中应放置樟脑丸或其他防虫剂，但切忌将防虫药直接和兔毛混放。同时还须预防鼠害。

2. 兔毛的包装　为了便于贮存和运输，对松散的兔毛进行合理的包装是必要的。兔毛纤维毡合性强，经不起翻动和磨擦；色泽鲜艳又带有静电，容易沾染污物；兔毛纤维具有多孔性，吸水性能强。必须根据兔毛的这些特性进行包装。我国目前对兔毛的包装有以下几种。

（1）竹篓包装　用清洁干净的竹篓，里衬防潮纸，装毛加封，外用绳子捆扎。适用于短途运输。

（2）纸箱包装　箱内干净，装毛加封，外层用塑料袋或麻袋包裹。适于收购兔毛不多的基层收购站作短途运输用。

（3）布袋包装　用布袋或麻袋装毛缝口，外用绳子捆扎，每袋可装 30 千克。装毛应紧，包装过松，经多次翻动会使兔毛纤维互相磨擦而产生缠结毛。

（4）榨包包装　用机械打包，外用专用包装布缝牢，每件可装 50～75 千克。包上打印商品名、规格、重量、发货单位、发货时间等。这种包装适用于长途运输或出口。一般省级畜产公司，将县级调运来的兔毛经过分选、拼配、开松和除杂等加工程序后，最后进行榨包包装。

3. 兔毛的运输　出运时要防止受潮，雨天最好不出运。装火车、汽车或轮船如无棚顶，应加盖防雨布。无论何种运输工具，装货处都必须清洁干燥。车船装货时，应将兔毛包件放在上层，禁忌笨重商品或物件挤压兔毛包装，尤其不允许和化学药剂、流动液体混装，防止兔毛受损和污染。

二、兔　皮

（一）家兔宰杀和剥皮方法

无论何种生产类型的家兔，其宰杀剥皮的方法基本相同。宰杀的主要目的是为了获取兔皮和兔肉这两种主要产品。因此，宰杀剥皮的方法要有利于操作和保证产品质量。

1. 屠宰前的准备工作　为了保证兔皮和兔肉的品质，对要宰杀的兔子必须先进行健康检查，有病的兔子尤其是患有传染病的兔子应隔离处理。皮用兔除检查健康状况外,还应检查毛皮的质量,处于换毛期间的兔子应缓期屠宰。确定屠宰的兔子,屠宰前断食 8 小时,但饮水照常供应,这样不仅有利于屠宰操作,保证产品质量,而且还可以节约饲料。

2. 屠宰方法 小型兔场零星屠宰可采用棒击法。这种方法简单易行,即左手将兔子的两耳提起,右手持圆木棒,猛击兔子的后脑,兔子立即毙命。此外,亦可采用灌醋法、放血法、耳静脉注射空气法和颈椎错位法等。大批屠宰时常用电击头部或用圆盘刀割头,这种方法多为大型屠宰场和食品加工厂采用。不论采用哪种方法,都必须尽量避免血液污染毛皮和损伤皮肤。

兔子被击毙后应立即放血,最好将兔体倒挂,用小刀切开颈动脉,充分放血,放血时间不少于 2 分钟。到放出的血呈淡粉红色时的兔肉其保存时间最长。

3. 剥皮和鲜皮处理 剥皮前先将兔前肢腕关节和后肢跗关节周围的皮肤切开,再用小刀沿大腿内侧通过肛门把皮肤切开,然后用手分离皮肉,剥皮时双手紧握兔皮的腹、背处向头部方向翻转拉下,犹如翻脱袜子。趁热剥皮比较顺利,一般不需用刀。最后抽出前肢,剪掉耳朵、眼睛和嘴唇周围的结缔组织和软骨,至此一个毛面向内、肉面向外的筒状鲜皮即被剥下。

鲜皮剥下后,立即用剪刀剪掉皮上带下的肌肉、筋腱、乳腺和外生殖器等,如果皮肤上附有脂肪,待兔皮冷却后用小刀从后臀部向头部顺序刮下,防止脂肪酸败、霉烂、毛根脱落等缺陷。除去皮肤肉面附着的脂肪后,将皮筒按自然状态沿腹中线剪开,使筒皮成为开片皮。然后,进行防腐处理。

4. 屠体处理 屠宰剥皮后,剖腹净膛,先用刀切开耻骨联合处,分离出泌尿生殖器官和直肠,然后沿腹中线切开腹腔,除肾脏外,取出所有的内脏器官。在前颈椎处割下头;在跗关节处割下后肢;在腕关节处割下前肢;从第一尾椎处割下尾巴。最后用清水清洗屠体上的血迹和污物。

(二) 鲜兔皮的防腐处理

1. 防腐的基本原理 根据产生腐败的原因和条件,人为地创造一种不适宜细菌繁殖和抑制酶活性的环境条件,以达到防腐的目的。

2. 防腐的方法 按照上述防腐原理,在生产实践中常采用的防腐方法有干燥法、盐腌法、盐干法和酸盐法等。各种方法各有其优缺点和适用范围,在生产中可根据实际情况灵活选用。

(1)干燥法 干燥防腐的实质是利用干燥条件除去鲜皮中的大量水分,造成不利于细菌繁殖的环境,从而达到防腐的目的。利用本法处理的生皮,称为淡干皮。干燥一般采用自然晾干。操作方法是:将鲜生皮按自然皮形毛面向下,皮板朝上,平摊在木板或草席上,置于阴凉、干燥和通风处,任其自然干燥。切忌烈日暴晒,也要防止雨淋和被露水打湿。

(2)盐腌法 是利用食盐防腐,应用此法比较多见。主要是用食盐夺去皮内多余的水分,并造成高渗的氯化钠环境,起到抑制细菌繁殖的作用;同时利用食盐中的钠离子能与蛋白质活性基结合的特性,达到防腐的目的。盐腌法有干腌和湿腌两种方法。干腌是将清理沥水后的鲜生皮,毛面向下平铺在垫板上,在肉面均匀地撒布食盐,厚的部位多撒,薄的部位少撒。一张皮处理好后再在其上铺另一张皮,做同样处理,这样层层堆积,最后堆成高1~1.5米的皮垛,放置5天左右。

湿腌是将鲜生皮放入 25％的盐溶液中浸泡一昼夜,沥水 2 小时后进行堆垛,在堆垛过程中再撒约占皮重 25％的干盐,另外在食盐中加入占盐重 4％的碳酸钠,以预防盐斑的出现。

(3)盐干法　是盐腌与干燥相结合的一种方法。即先进行盐腌,再置通风干燥处自然干燥。其优点是防腐力强,而且避免了生皮在干燥过程中易发生的硬化、龟裂等缺陷。

(4)酸盐法　先用食盐 85％,氯化铵、明矾各 7.5％,配制成防腐粉剂。再将防腐粉剂均匀地撒布在毛皮的肉面上并稍加揉搓。然后,毛面向外折叠起来堆放 7 天左右。

(三) 商品兔皮的分级标准

1. 一般家兔皮的收购标准

(1)加工要求　宰剥适当,皮形完整,开成片皮,平展晾干。

(2)等级规格

特等皮　具有一等皮毛质,面积在 1110 平方厘米以上。

一等皮　毛绒丰厚、平顺,面积在 800 平方厘米以上。

二等皮　毛绒略空疏、平顺,面积在 700 平方厘米以上。

三等皮　毛绒空疏或欠平顺,面积在 600 平方厘米以上。

等外一　具有一、二等皮毛绒、面积,带有各种伤残缺点,但不超过全面积的 30％;或具有一、二等皮毛绒,面积在 444 平方厘米以上;或毛绒略差于三等皮而无伤残者。

等外二　不符合等外一的要求,但有一定制裘价值者均属之。

无制裘价值的光板皮和幼兔皮,酌情收购。

(3)等级比差　特等 130％;一等 100％;二等 80％;三等 60％;等外一 40％;等外二 15％。色泽无比差。

(4)说明 ①带轻微伤残或颈部及边肷空疏的,不算缺点。伤残严重的酌情降级。②量皮方法是:从颈部缺口中间至尾根量其长度,选腰间中部位置量其宽度。长宽相乘,求出面积。③长毛兔皮,毛长在3.3厘米以上按家兔皮等外一计价,不足3.3厘米按等外二计价。

2. 獭兔皮试行收购标准 中国土畜产进出口总公司根据国外獭兔皮的商品标准并结合我国獭兔皮的生产情况,制定了试行收购标准,供各地参考。

(1)加工要求 宰剥适当,形状完整,去掉头、腿、尾,刮净肉屑、油脂,按标准撑板晾干后,从腹部正中线割开。

(2)等级规格

甲级皮 绒毛丰密平齐,毛色纯正,色泽光润,无旋毛,板质良好,皮板洁净,无伤残,全皮面积在1110平方厘米以上。

乙级皮 绒毛齐平,毛色纯正,色泽光润,无旋毛,绒毛略空疏或略短芒,板质良好,皮板洁净或具有甲级皮面积,在次要部位可带破洞2处,总面积不超过7平方厘米,或具有甲级皮质量,面积在900平方厘米以上。

丙级皮 板质较好,绒毛空疏或短芒,毛绒欠平齐,毛色纯正或具有甲、乙级皮面积,在次要部位可带破洞3处,总面积不超过10平方厘米;或具有甲、乙级皮质量,面积在770平方厘米以上。

不符合等内皮要求者,列为等外皮,等外皮暂按一般家兔皮规格,按质论价。

(3)等级比差 甲级皮100%;乙级皮60%;丙级皮20%。等外皮按质论价。色泽无比差。

(4)说明 ①量皮方法与一般兔皮同。②品质退化(针毛突出平面)按等外皮收购,针毛含量过多降级收购。③严防烈日暴晒,严防油烧,严防受闷脱毛。油浸、软脱、剪毛等无制裘价值者暂不收购。

(四) 影响家兔皮品质的主要因素

1. 剥皮季节 冬皮品质最佳,毛长绒厚,毛面整齐,色泽光润,板质厚实;春皮质量较次,因为正处于换毛季节,毛长而稀疏,底绒空疏,毛面不整齐,皮板带红色;秋皮虽然皮板稍厚,但毛短而空疏,皮质亦不理想;夏皮质量最差,皮板厚而硬,呈暗黄色,毛短而粗硬,底绒空疏,使用价值低。

2. 品种遗传性 不同的家兔品种,兔皮的质量差别较大。如獭兔皮的被毛具有多种天然色彩,鲜艳夺目,绒毛密而短,针毛(粗毛)不露出毛面,毛面平顺;皮板组织致密,韧性好,保温力强。青紫蓝兔皮的被毛与珍贵的毛丝鼠皮相似,每根毛有五段颜色,板质亦佳。中国白兔皮的毛色纯白,毛短密,皮张厚,但面积较小。

3. 宰剥年龄 一般来讲,成年兔比幼龄兔好,但品种不同,适宜的剥皮年龄也不同。如獭兔 6~6.5 个月时毛皮质量较好。体重达到 3 千克时,年龄较大、生长慢的兔子要比年幼和生长快的兔子皮好。肉用兔的适宰月龄(3.5~4.5 个月)对肉质是可取的,但皮的品质较差,最好能二者兼顾。

4. 饲养管理 饲养管理粗放,笼舍清洁卫生不好,被毛被粪尿污染,会呈现尿黄色,白色被毛尤甚。有的由于管理不善,兔子厮咬严重时,也会影响兔皮的质量。

三、兔　肉

（一）兔肉的营养及药用价值

兔肉是时兴的肉类食品之一，在欧、美一些国家已成为肉食的主要补充来源。近年来国外大兴吃兔肉风，除了兔子繁殖快、饲养成本低，价钱便宜之外，据认为它是胖人和心血管病患者的理想肉食。一些国家的妇女把兔肉称为美容肉，是因为食用兔肉不易增肥，使她们保持苗条的体姿。兔肉营养丰富，肉质细嫩，味美香浓，久食不腻。从营养学分析，它是一种高蛋白质、低脂肪、高磷脂和低胆固醇的肉类食品。兔肉中富含卵磷脂，有保护血管、预防动脉硬化的作用。兔肉易于消化，平均消化率为85％，比其他肉类高，而且是慢性胃炎、胃及十二指肠溃疡、结肠炎患者的理想肉食。兔肉中还含有多种维生素、矿物质和人体必需的氨基酸，尤其是人体最易缺乏的赖氨酸、色氨酸等在兔肉中含量较高。因此，常吃兔肉，可保证有全价的营养供给机体细胞，而无有害物质沉积，有人称它是抗细胞衰老的保健食品。对儿童有助长发育之功，对老人有延年益寿之效，这是人们喜欢吃兔肉的主要原因。

兔肉的主要营养成分见表11-4。

表11-4　兔肉的营养成分　（单位：％）

热量（千焦/千克）	水分	蛋白质	脂肪	碳水化合物	灰分	维生素（毫克/100克）		
						B_1	B_2	PP
4895.3	73	24.3	1.9	0.16	1.52	0.27	0.20	42.70

(二)兔肉的商品要求

1. 胴体整修 宰杀、剥皮和内脏出腔后的兔胴体,须进一步按商品要求整修。除用清水冲洗掉屠体上的血迹污物外,首先除去残余的内脏、生殖器官、腺体和结缔组织。另外,还应摘除气管和胸、腹腔内的大血管,除去屠体表面和腹腔内的表层脂肪,最后用水冲洗屠体上的血污和浮毛,沥水冷却。总之,整修的目的是为了达到洁净、完整和美观的商品要求。

2. 规格要求 在外观上,凡胴体呈暗红色或放血不充分、露骨、透腔、脊椎突出、背部发白、肉质过老和有严重曲背及畸形者,都不宜作带骨兔肉出售。去骨分割肉不许挟带碎骨和软骨。

3. 分级标准 目前市场上有两个分级标准,即带骨兔肉和分割兔肉标准。

(1)带骨兔肉 按重量分级,共分 4 级。如系出口冻兔肉则不分割,保持整个胴体的完整。特级,每只净重 1500 克以上;一级,每只净重 1001～1500 克;二级,每只净重 601～1000克;三级,每只净重 400～600 克。

(2)分割兔肉 按部位进行分割并去骨。

前腿肉 在胸、腰椎之间切断,并沿脊椎骨劈成两半,除去脊椎骨、胸骨和颈骨;

背腰肉 从 10～11 肋骨间向后至荐椎骨处切断,除去肋骨和腰椎骨;

后腿肉 切去背腰后沿荐椎劈成两半,并除去荐椎骨。

4. 兔肉包装 带骨兔肉保持胴体完整,每箱 20 千克(或若干只);去骨兔肉分 4 个小包(每包 5 千克)装入箱内,净重 20 千克。

根据需要确定纸箱规格大小。纸箱侧面印上商标、商品名称、规格、重量、等级和生产厂家名称及出厂日期等。

(三) 兔肉的保鲜

要使兔肉保持新鲜,色、香、味俱佳,必须使屠宰后的鲜肉经受一个成熟过程。

1. 成熟的意义　经过成熟的兔肉因蛋白质分解为水溶性蛋白质和人体必需的各种氨基酸,易被人体直接消化和吸收。另外,由于兔肉成熟过程中产生的乳酸能抑制微生物尤其是病原微生物的繁殖,所以兔肉的成熟无论从营养角度还是从卫生观点看都具有重要的实际意义。

2. 成熟的过程　从实质上讲,它是一个复杂的理化过程——鲜肉由软变硬,肌糖元分解到肉的自溶。其中第一阶段,由于肌糖元分解形成乳酸,肌磷酸分解形成磷酸,使肉由原来的中性或弱碱性变成偏酸性,肌浆蛋白的保水性增加,肉便由软变硬。第二阶段,随着肌糖元的继续分解,乳酸不断增加,胶体保水性减少,使部分蛋白质分解成水溶性蛋白质、肽和氨基酸。这一现象即肉的自溶阶段。这一过程应严加控制,否则肉将开始腐败。

3. 成熟过程的控制　肉的成熟要恰到好处,防止过头,必须进行控制。肉的成熟过程与温度、湿度和时间密切相关,只要控制好这三点,就不会出现大问题。一般在室内常温18℃条件下兔肉需1~2昼夜成熟,但当温度上升到29℃时,只需数小时就已成熟。有些肉类加工厂把屠宰后的兔肉放入冷库或冷柜内(温度2℃~4℃,相对湿度80%~85%),保存2~3天即达成熟。

（四）兔肉的贮藏

从经济角度考虑，经过成熟后的肉，采用低温冷冻贮藏较为合适。低温不但可以抑制微生物繁殖，防止肉的腐败，而且还可以降低酶的活性与氧化的强度，较好地保持兔肉的营养品质。

1. 冷冻条件　着重进行温度、湿度和时间的严格控制。兔肉不同冷藏要求所需的条件见表 11-5。

表 11-5　兔肉不同冷藏要求所需的条件

项　目	温度(℃)	相对湿度(%)	日换气次数(次)
冷却兔肉	0～1	75～85	4～6
冷冻兔肉	−16～−25	80～90	1～2
冷冻贮藏	−8～−18	87～92	1～2

2. 冷冻方法　将需冷冻贮藏的兔肉放入温度−16℃～−25℃，相对湿度 80%～90%的速冻车间进行速冻处理。速冻可使兔肉中的水分形成均匀而微小的冰晶体，避免形成大的冰块致使肌肉组织遭受破坏，影响肉的品质。速冻时间不超过 72 小时，当肉温达到−15℃时即可转入冷藏车间。冷藏车间的温度应保持在−8℃～−18℃，相对湿度以 87%～92%为宜。

附录　家兔防疫常用疫(菌)苗

1. 兔病毒性出血症灭活疫苗　用量 1 毫升,免疫期 6 个月,保存期 1 年(2℃～8℃,阴暗处),用于预防和紧急预防接种。45 日龄幼兔初免 2 毫升,60 日龄加强免疫 1 毫升,紧急预防用量加倍。

2. 兔病毒性出血症、巴氏杆菌病二联灭活苗　用量 1 毫升,免疫期 6 个月,保存期 1 年(2℃～15℃,阴暗处)。用于预防兔病毒性出血症和兔巴氏杆菌病,按说明书使用。

3. 兔多杀性巴氏杆菌灭活菌苗　用量 1 毫升,免疫期 6 个月,保存期 1 年(2℃～15℃,阴暗干燥处)。用于预防兔、禽巴氏杆菌病。仔兔断奶免疫,每只兔皮下注射 1 毫升。

4. 兔波氏杆菌灭活菌苗　用量 2 毫升,免疫期 6 个月,保存期 1 年(2℃～15℃,阴暗处)。用于兔支气管败血性波氏杆菌病的预防。18 日龄首免,皮下注射 1 毫升;1 周后加强免疫,皮下注射 2 毫升。

5. 兔大肠杆菌多价灭活菌苗　用量 2 毫升,免疫期 6 个月,保存期 1 年(2℃～15℃,阴暗处)。用于预防兔大肠杆菌引起的腹泻。20 日龄首免,皮下注射 1 毫升;断奶后再免疫 1 次,皮下注射 2 毫升。

6. 兔巴氏杆菌、魏氏梭菌二联灭活苗　用量 1 毫升,免疫期 6 个月,保存期 1 年(2℃～8℃,阴暗处)。用于预防巴氏杆菌和魏氏梭菌病(A 型)。按说明书使用。

7. 兔病毒性出血症、巴氏杆菌、波氏杆菌三联灭活苗　用量 2 毫升,免疫期 6 个月,保存期 1 年(2℃～8℃,阴暗处)。

用于预防兔病毒性出血症、巴氏杆菌病和波氏杆菌病。按说明书使用。

8. 兔产气荚膜梭菌(Ａ型)灭活菌苗 即兔魏氏梭菌(Ａ型)灭活菌苗。用量 2 毫升,免疫期 6 个月,保存期 1 年(2℃～8℃,阴暗处)。用于预防兔魏氏梭菌病(Ａ型)。仔兔断奶后皮下注射 2 毫升。

9. 兔葡萄球菌灭活菌苗 用量 2 毫升,免疫期 6 个月,保存期 1 年(2℃～15℃,阴暗处)。用于预防哺乳母兔因葡萄球菌引起的乳房炎。母兔配种前皮下接种 2 毫升。

10. 兔克雷伯氏菌灭活菌苗 用量 2 毫升,免疫期 6 个月,保存期 1 年(2℃～15℃,阴暗处)。用于预防幼兔和青年兔因克雷伯氏菌引起的腹泻。用法同大肠杆菌多价灭活菌苗。

金盾版图书，科学实用，
通俗易懂，物美价廉，欢迎选购

科学养猪指南(修订版)	39.00	版)	10.00
现代中国养猪	98.00	小猪科学饲养技术(修订	
家庭科学养猪(修订版)	7.50	版)	8.00
简明科学养猪手册	9.00	瘦肉型猪饲养技术(修订	
猪良种引种指导	9.00	版)	8.00
种猪选育利用与饲养管理	11.00	肥育猪科学饲养技术(修订	
怎样提高养猪效益	11.00	版)	12.00
图说高效养猪关键技术	18.00	科学养牛指南	42.00
怎样提高中小型猪场效益	15.00	种草养牛技术手册	19.00
怎样提高规模猪场繁殖效		养牛与牛病防治(修订	
率	18.00	版)	8.00
规模养猪实用技术	22.00	奶牛标准化生产技术	10.00
生猪养殖小区规划设计图		奶牛规模养殖新技术	21.00
册	28.00	奶牛养殖小区建设与管理	12.00
猪高效养殖教材	6.00	奶牛健康高效养殖	14.00
猪无公害高效养殖	12.00	奶牛高产关键技术	12.00
猪健康高效养殖	12.00	奶牛肉牛高产技术(修订	
猪养殖技术问答	14.00	版)	10.00
塑料暖棚养猪技术	11.00	奶牛高效益饲养技术(修	
图说生物发酵床养猪关键		订版)	16.00
技术	13.00	奶牛养殖关键技术200题	13.00
母猪科学饲养技术(修订		奶牛良种引种指导	11.00

以上图书由全国各地新华书店经销。凡向本社邮购图书或音像制品，可通过邮局汇款，在汇单"附言"栏填写所购书目，邮购图书均可享受9折优惠。购书30元(按打折后实款计算)以上的免收邮挂费，购书不足30元的按邮局资费标准收取3元挂号费，邮寄费由我社承担。邮购地址:北京市丰台区晓月中路29号，邮政编码:100072，联系人:金友，电话:(010)83210681、83210682、83219215、83219217(传真)。